高等职业教育土建类专业课程改革系列教材

建筑施工组织与进度控制

主　　编　张　园　斯　庆
副主编　徐　蓉　郭文娟　高雅琨
参　　编　孙　杰　刘兴宇　张鸿雁
　　　　　马　悦　李　婷　任尚万

机械工业出版社

本书参照高职高专相关专业教学大纲和《建筑施工组织设计规范》（GB/T 50502—2009）等，以施工组织设计的编制及进度控制为主线编写。全书共 9 个模块，包括：绪论、施工准备工作、工程概况及施工方案选择、施工进度计划——流水施工原理、施工进度计划——网络计划技术、施工进度计划控制、单位工程施工平面布置图、单位工程施工组织设计的编制以及施工组织总设计。全书结构合理，脉络清晰，解题方法翔实，注重概念的完整性和内容的实用性，提供相应的能力训练、实训项目和案例分析，以提高学习者的职业实践能力和职业素养，适合作为高职高专土建类相关专业教材，也可作为岗位培训和相关资格考试的参考资料。

图书在版编目（CIP）数据

建筑施工组织与进度控制/张园，斯庆主编．—北京：机械工业出版社，2020.7（2023.8重印）
高等职业教育土建类专业课程改革系列教材
ISBN 978-7-111-66254-9

Ⅰ.①建… Ⅱ.①张…②斯… Ⅲ.①建筑工程—施工组织—高等职业教育—教材②建筑工程—施工进度计划—高等职业教育—教材 Ⅳ.①TU72

中国版本图书馆CIP数据核字（2020）第140875号

机械工业出版社（北京市百万庄大街22号 邮政编码100037）
策划编辑：李　莉　常金锋　责任编辑：李　莉　常金锋　于伟蓉
责任校对：朱继文　　　　封面设计：张　静
责任印制：单爱军
北京虎彩文化传播有限公司印刷
2023年8月第1版第3次印刷
184mm×260mm・13.5印张・319千字
标准书号：ISBN 978-7-111-66254-9
定价：45.00元

电话服务	网络服务
客服电话：010-88361066	机 工 官 网：www.cmpbook.com
010-88379833	机 工 官 博：weibo.com/cmp1952
010-68326294	金 书 网：www.golden-book.com
封底无防伪标均为盗版	机工教育服务网：www.cmpedu.com

前言

《建筑施工组织与进度控制》是高职高专建筑工程技术、建设工程监理以及建设工程管理等专业的重点课程的配套教材之一。编者结合长期教学经验、工程实践经验及我国现行的规范等编写本书，反映了我国建筑施工组织与进度控制的新成果。本书立足于课程教学要求，注重基本概念、基本原理和基本方法，弱化了烦琐的理论推导，强化了实际应用能力的培养，将教学内容重组整合，以提高学习者的职业实践能力和职业素养为宗旨，突出职业教育特色，为学生提供适应劳动力市场需要的模块化的学习资源。

本书结构合理，脉络清晰，以施工组织设计的编制与进度控制为主线，讲述工程概况、施工方案、施工进度计划、施工平面图等的设计原则、方法和步骤等基本知识与理论，注重概念的完整性和内容的实用性，并结合能力训练，力求使学生通过学习、训练，具备独立编制单位工程施工组织设计的能力。

本书由内蒙古建筑职业技术学院张园、斯庆担任主编，徐蓉、郭文娟和高雅琨担任副主编，孙杰、刘兴宇、张鸿雁、马悦、李婷、任尚万参编。全书分为九个模块，具体编写分工如下：模块一由张鸿雁、马悦编写，模块二由孙杰编写，模块三由高雅琨编写，模块四由张园编写，模块五由斯庆编写，模块六由郭文娟、李婷编写，模块七由刘兴宇编写，模块八由徐蓉、任尚万编写，模块九由徐蓉编写。

在本书的编写过程中，参阅了一些优秀教材的内容，在此向其作者表示衷心的感谢。由于编者水平有限，书中难免会有不妥之处，恳请广大读者提出宝贵意见和建议。

编　者

目 录

前言

模块一 绪论 1
 单元一 建筑施工组织研究的对象和任务 2
 单元二 建设项目的建设程序 3
 单元三 建筑产品及其施工特点 10
 单元四 施工组织设计概论 12

模块二 施工准备工作 16
 单元一 概述 16
 单元二 原始资料的调查研究 20
 单元三 施工技术资料准备 23
 单元四 资源准备 27
 单元五 施工现场准备 31
 单元六 季节性施工准备 33

模块三 工程概况及施工方案选择 38
 单元一 工程概况及施工特点分析 38
 单元二 施工方案 40
 单元三 绿色施工方案 45

模块四 施工进度计划——流水施工原理 57
 单元一 流水施工的基本概念 57
 单元二 流水施工的基本参数 61
 单元三 流水施工的基本组织方式 70
 单元四 流水施工组织实例 82

模块五 施工进度计划——网络计划技术 90
 单元一 网络计划技术的基本概念 90
 单元二 双代号网络计划 92
 单元三 单代号网络计划 105
 单元四 网络计划的优化 114

模块六 施工进度计划控制 122
 单元一 概述 122
 单元二 施工进度计划的实施 126
 单元三 实际进度和计划进度的比较方法 132

模块七 单位工程施工平面布置图 148
 单元一 概述 148

单元二　施工平面设计步骤 150

模块八　单位工程施工组织设计的编制 161
　　单元一　概述 161
　　单元二　单位工程施工组织设计实训（框架结构） 165

模块九　施工组织总设计 184
　　单元一　概述 184
　　单元二　工程概况和施工特点分析 186
　　单元三　施工部署及主要项目的施工方案 186
　　单元四　施工总进度计划 187
　　单元五　全场施工准备工作计划及各项资源需用量计划 190
　　单元六　施工总平面图 192
　　单元七　施工组织总设计实例（简例） 202

参考文献 207

模块一 绪 论

学习目标

- 明确建筑施工组织研究的对象和任务。
- 熟悉建设项目的组成及建设程序。
- 了解建筑产品及其施工特点。
- 熟悉施工组织设计的概念、分类、作用及内容等。

建议学时

- 2学时

引导案例

建筑施工组织学科的形成与发展

人们在进行工程施工时，总要先想一想，先做什么，后做什么，人力怎么安排，物资怎么运输，现场怎么布置，安全怎么保证，要用多少工料，要用多少工程费用……将这些想法加以归纳整理，用文字图表表示出来就是施工组织设计。施工组织设计的思想自古就有，据《春秋》记载，我国秦代修筑万里长城，对城墙的长、宽、高的土石方总量，需要的人工、材料，以及各地区分担的修筑任务，派出人工及其口粮、往返道路里程都计算得很准确，分配得很明确。因此，从秦始皇时代到现在，经过了两千多年，长城仍然耸立在地球上，真可谓是名副其实的"千年大计"。

现代建筑施工组织学科的形成与发展与现代大型工程项目的施工实践和科学技术的新发展有着密切联系。1928年苏联在建造第聂伯水电站时，施工人员编制了第一个较为完整的施工组织设计，保证了水电站的施工质量。随后，苏联自建了专门的研究机构，进行理论研究，并相继编制了各种有关的资料和手册。20世纪50年代随着计算机的发展和使用，1956年美国一些工程技术人员、数学家和电子计算机研究人员共同努力，研制出了使用计算机安排建筑施工计划的新式管理技术——关键线路法（CPM）。1958年美国又在北极星导弹工程计划中提出了计划评审法（PERT）。与此同时，美国又在建筑工程施工计划安排中发展了搭接网络和图形评审法等，这类方法统称为网络计划技术，我国华罗庚教授把它们概括为统筹法。这些方法的应用，从根本上改变了以往编制计划缺乏严格科学方法的现状，因此它引起了世界各国的普遍重视。随着施工组织设计技术在工程项目施工中广泛运用，建筑施工组织从建筑施工中分化出来逐渐形成了一门独立的、系统的学科。

为了保证工程项目施工质量，我国政府十分重视预算和施工组织设计的编制工作，明确规定，所有建设项目都要单独编制预算和施工组织设计。早在1952年我国在东北地区的工程项目施工中就推行了施工组织设计。20世纪50年代后期在大学、中专有关专业开设了建筑施工组织课程。20世纪60年代初出版了发行了《建筑施工组织与计划》等著作，作为高校教学用书。建筑产业发展的需要促进了建筑施工组织学科的发展；而建筑施工组织学科的理论与实践水平的提高，又为建筑产业的发展提供了更好的服务。半个多世纪以来，随着我国建筑产业的发展，我国在施工组织方面积累了丰富的经验，同时吸收借鉴了国外先进计划技术，使本学科日益发展和完善。但是现代化建设日新月异，要求工程项目施工组织管理实现现代化、科学化、规范化、程序化。为此，今后还要不断总结新的建设经验，发展和完善现代组织管理的理论、技术和方法；同时要研制适用的系统软件；并使各种类型建筑工程的施工组织设计定型化、标准化，进一步提高我国学术论著的理论水平，更好地为社会主义现代化服务。

【引入问题】

1. 利用图书馆、网络等资源认真研究一项国内外现代或古代利用建筑施工组织的经典案例，并配合PPT向同学展示。

2. 你是如何理解建筑施工组织含义的？查阅网络资料，用自己的语言描述建筑施工组织的作用。

单元一　建筑施工组织研究的对象和任务

现代建筑产品的施工生产是一项多人员、多工种、多专业、多设备、高技术、现代化的综合而复杂的系统工程。组织建筑施工必须遵循建筑施工的客观规律，采用现代科学技术和方法，对建筑施工过程及有关的工作进行统筹规划，合理组织和协调控制，以实现提高工程质量、缩短施工工期、降低工程成本、安全文明施工等最优化目标。作为一门研究建筑工程施工活动及其组织规律的科学，建筑施工组织有其自身特定的研究对象和任务。

一、建筑施工组织研究的对象

建筑工程施工是完成建设任务的重要环节。较规划、设计等其他环节而言，它历时最长，耗用劳力、物力和财力最多，尤其现代化的建筑物和构筑物无论是规模上还是功能上都在不断发展。建筑施工组织就是针对建筑工程施工的复杂性，研究工程建设的统筹安排与系统管理的客观规律，制定建筑工程施工最合理的组织与管理方法的一门科学。它是推进建筑企业技术进步，加强现代化施工管理的核心。

解决施工中的各种问题，通常都有若干个可行的施工方案供施工人员选择。但是，不同的方案，其经济效果也各不相同。如何根据拟建工程的性质和规模、施工季节和环境、工期的长短、工人的素质和数量、机械设备程度、材料供应情况、构件生产方式、运输条件等各种技术经济条件，从经济和技术统一的全局出发，从许多可行的方案中选定最优的方案，这是施工人员在施工开始之前必须解决的问题，即建筑施工组织研究的对象。

二、建筑施工组织的任务

总体来说，施工组织的任务就是在党和国家有关建设方针和政策的指导下，从施工的全局出发，遵循建筑施工的客观规律，科学规划和部署人力、物力、财力、技术资源以使建筑产品生产的全过程统筹规划，合理组织和协调控制，达到优质、低耗、高速等最优化目标。

因此学习本门课程的主要任务包括：

1）了解党和国家制定的基本建设方针政策及各项具体的技术经济政策。

2）以工程项目为载体，掌握建筑施工组织的一般原理及施工组织设计的内容、方法和编制程序。

3）熟悉介绍国内外现代建筑施工组织的优化理论，管理技术和方法。

4）研究和探索现阶段新形势下施工过程的系统管理和协调技术。

单元二　建设项目的建设程序

一、建设项目的有关概念

1. 建设项目的含义

项目（Project）一词最早于20世纪50年代在汉语中出现，它是指在一定的约束条件（如限定时间、限定费用及限定质量标准等）下，具有明确目标和完整组织结构的一次性任务或管理对象。因此项目具有一次性、独特性、目标明确性、组织临时性、开放性和后果的不可挽回性几个典型特征。而许多制造业那些大批量的、重复进行的、目标不明确的、局部性的生产活动不能称作项目，只可称为作业（Operation）。

建设项目是建设单位为了特定目标而进行的投资建设活动；是在一定约束条件（包含时间约束、资源约束以及质量约束）下，以形成固定资产为目标的一次性建设任务。它是建设单位在一个或几个建设区域内，根据批准立项的项目建议书、可行性研究报告以及批准的总体设计和总概算书进行施工，经济上统一核算，行政上统一管理，严格按建设程序实施，建成后能独立发挥生产功能或满足生活需要的建设任务。工业建设中的一座工厂、一个矿山，民用建设中的一片居民区、一幢住宅、一所学校等均为一个建设项目。负责建设项目并在行政上具有独立组织形式的企事业单位称为建设单位。

施工项目是建筑施工企业对一个建筑产品的一次性施工任务，这一过程自施工投标开始到保修期满为止。施工项目是建筑施工企业的生产对象、被管理对象；建筑施工企业是施工项目的管理主体。施工项目的范围由工程承包合同界定，可能是建设项目的全部施工任务，也可能是建设项目中的一个单项工程或单位工程的施工任务。但只有可形成建筑施工企业产品的单位工程、单项工程和建设项目的施工才谈得上是项目，分部或分项工程不是完整的产品，因此也不能称作"项目"。

2. 建设项目的特点

一个建设项目以投资资金的价值形态投入为开始，经过合理的建设周期，到形成扩大再生产的固定资产的实物形态为结束。在这个投入产出的全过程中，应使建设项目达到预期的生产能力、技术水平或使用效益。按我国现行规定，建设项目具有以下基本特点：

（1）具有明确的建设对象　任何建设项目都有具体的对象，它决定了项目的最基本特性。即在一个总体设计或初步设计范围内，项目由一个或若干个互相有内在联系的单项工程所组成，建设中由一个经济上独立核算、行政上统一的建设单位管理。组成建设项目的若干相互关联的单项工程可跨越几个年度分期分批建设，但不能分割成几个建设项目。随着对基本建设项目投资体制的改革，一个建设项目可以有一个投资主体，也可以有若干个投资主体。投资主体本身可以独立核算、互不关联，但当联合投资一个建设项目时应实行统一核算、统一管理。

（2）具有特定的建设条件　这里的建设条件主要包含时间约束、资源约束、质量约束。即：一个建设项目要有合理的建设工期要求；有一定的投资总量限额，不满限额标准的称为零星固定资产购置；有预期的生产能力、技术水平或使用效益目标。

一个建设项目涉及建设规划、计划、土地管理、银行、税务、法律、设计、施工、材料供应、设备、交通、城管等诸多部门，受建设地点气候条件、水文地质、地形地貌等多种环境因素的制约，因此项目组织者需要做大量的协调工作。项目的参与各方要以合同、法律和规范作为分配工作、划分责权关系的依据。

（3）应遵循必要的建设程序　一个建设项目从提出项目建设的设想、建议、可行性研究（方案选择、评估及决策等）、勘察设计、施工直到竣工验收、投入运行，均有一个过程。在建设的全过程须经过几个阶段，并严格遵循一定的先后顺序。建设项目管理体制虽然正发生较大的变革，但不应把建设项目必须遵循的程序与国家对建设项目的管理权限混淆一起，即使是由投资者自主决策，自我管理的建设项目仍应遵循建设过程的先后顺序。

（4）具有一次性的建设特点　按照特定的任务，建设项目组织形式具有一次性的特点，有明确的起点和终点来界定项目的生命周期。其表现为：一方面是对建设项目的一次性投入，另一方面表现在建设地点的一次性固定。由于各建设项目结构形式、规模及环境条件等差异，一个项目只能一种设计，一次使用，并为缩短建设工期应确保建设过程连续性。任务完成即告结束，所有项目没有重复。

从以上特点不难看出，每个建设项目的建设周期、运行周期、投资回收周期都很长，环境因素制约多，因此其涉及面广，作用时间长，需有特殊的组织和法律条件对其进行约束。

3．建设项目的分类

为了有针对性的管理建设项目，根据管理对象的特点，建立相应的组织管理机构，合理使用建设资源，以提高完成任务的效果和水平，需对项目进行分类。

（1）按用途分类　建设项目按其用途可分为生产性建设项目和非生产性建设项目两大类。前者是指直接或间接用于物质生产的建设项目，如工业建设项目和农林水利建设项目等；后者是指用以满足人民物质文化生活需要的建设项目，如住宅建设项目、文教卫生建设项目以及行政建设项目等。

（2）按性质分类　建设项目按其性质可分为新建项目、扩建项目、改建项目、迁建项目和恢复建设项目五类。

1）新建项目，指从无到有，通过建设完成的工程项目。通过再建的工程项目，企业或事业单位新增加的固定资产价值超过其原有全部固定资产的三倍以上的，就算新建项目。

2）扩建项目，指企事业单位，为扩大原有产品的生产能力或效益而增建的工程项目。如发电厂为提高生产能力及工程效益，对电厂的新增机组的建设。

3）改建项目，企事业单位对原有厂房、设备、工艺流程进行整体的技术改造及固定资产更新的项目和增建附属、辅助工程等。

4）迁建项目，由于改变生产布局、环境保护、安全生产及其他特殊需要而搬迁到其他地方的建设项目，迁建项目是不论其建设规模大小的。

5）恢复建设项目，指企事业或行政单位的原有固定资产因自然灾害（超标准的地震或洪水等）或战争等原因遭到全部或部分报废，又重新投资建设的项目。这类项目，不论是按原规模恢复建设，还是恢复中同时进行扩建均属恢复项目。

（3）按管理需要分类　建设项目按管理需要可分为基本建设项目和技术改造项目。

为控制固定资产投资的使用方向，建设项目可划分为基本建设项目和技术改造项目。一般以扩大生产能力（或新增工程效益）为主要建设内容和目的的项目，或以利用国家预算内拨款及银行基本建设贷款为主的项目应作为基本建设项目。基本建设项目可划分为大型、中型和小型，以明确各级基本建设管理部门管理项目的权限和责任。以节约、提高质量、降低能源消耗、治理"三废"、劳保安全为主要目的，或以利用企业基本折旧基金、企业自有资金和银行技术改造贷款为主的项目应作为技术改造项目。技术改造项目划分为限额以上和限额以下两类。

建设项目的分类方法，除上述几种外，按投资主体可分为国家投资建设项目、地方政府投资的建设项目、企业投资的建设项目以及各类投资主体联合投资的建设项目；还可按项目的工作阶段分为筹建项目、在建项目、建成投资项目和全部竣工项目；也可按设备供应方式及技术来源分类等。系统了解建设项目的分类，对贯彻执行国家有关方针，政策及法规，搞好项目管理意义很大。

4．建设项目的组成

建设项目是建设工程的基本管理单位。按照建设项目分解管理的需要，建设项目可由若干个单项工程组成；一个单项工程可包含若干个单位工程（子单位工程）；一个单位工程又可划分为若干个分部（子分部工程）、分项工程；分项工程又可以进一步细划为检验批，如图 1-1 所示。

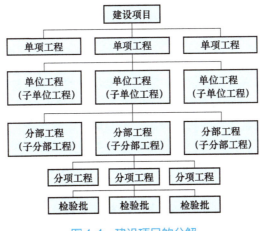

图 1-1　建设项目的分解

（1）单项工程（也称工程项目） 具有独立设计文件，竣工后可以独立发挥生产能力或效益的工程项目，称为单项工程。一个建设项目可由一个单项工程组成，也可由若干个单项工程组成。如民用建设项目中的一栋教学楼，或工业建设项目中的各独立的生产车间。单项工程体现了建设项目的主要建设内容，其施工条件往往具有相对的独立性。

（2）单位（子单位）工程 具备独立施工条件（单独设计，独立施工），并能形成独立使用功能的建筑物或构筑物为一个单位工程。与单项工程不同的是，单位工程竣工后不能独立发挥其生产能力或价值。一般情况下，单位工程是一个单体的建筑物或构筑物。建筑规模较大的单位工程，可将其能形成独立使用功能的部分作为一个子单位工程。

（3）分部工程、分项工程 分部工程的划分应按专业性质、建筑部位确定，例如一般土建工程根据不同的结构部位及结构特征可划分为土方工程、地基与基础工程、主体结构工程、建筑装饰装修工程和建筑屋面工程等分部工程。

分项工程应按主要工种、材料、施工工艺、设备类别等进行划分。以主体钢筋混凝土分部工程为例，根据构件特征可划分为钢筋混凝土基础、钢筋混凝土柱及钢筋混凝土梁等分项工程。

（4）检验批 按现行《建筑工程施工质量验收统一标准》（GB 50300—2013）规定，建筑工程质量验收时，可将分项工程进一步划分为检验批。检验批是按同一生产条件或按规定的方式汇总起来供抽样检验用的，由一定数量样本组成的检验体。一个分项工程可由一个或若干个检验批组成，检验批可根据施工、质量控制和专业验收需要按楼层、施工段、变形缝等进行划分。

二、建设项目的建设程序

建设项目的实施涉及面广、环节多、综合性强，必须要有组织、有计划、按照一定的程序进行才能达到预期效果，这个程序就是建设程序。它是人们建设活动中必须遵守的工作制度，是经过大量实践工作总结出来的工程建设过程的客观规律的反映。经历几十年建设，我国已经形成了一套科学的建设程序，可归纳为以下三个阶段：投资决策阶段、建设准备阶段、项目实施阶段。

1. 投资决策阶段

投资决策阶段以可行性研究为中心，包括调查研究，提出设想，确定建设地点，编制可行性研究报告等内容。

（1）项目建议书 在广泛调查研究的基础上，建设单位向主管部门提出的要求建设某一项目的建议性文件，称为项目建议书。它是建设项目的轮廓设想和立项先导，经批准后再进行可行性研究，是可行性研究的依据和基础。项目建议书包括建设项目提出的必要性和依据，拟建工程规模和建设地点的初步设想，资源情况、建设条件、协作关系等初步分析，投资估算和资金筹措的初步设想，经济效益和社会效益的估计五个方面。

（2）可行性研究 项目可行性研究是项目决策的核心。它从技术、经济和社会等方面对建设项目进行全面调查和科学分析论证，以减少建设项目决策的盲目性，防止失误。可行性研究前要进行必要的资源调查，地质水文勘察，工艺技术试验论证，以及气象、地震、环境和技术经济资料的收集等工作，尽量使可行性研究建立在科学可靠的基础上。可行性研究一般应做多种技术方案的比较分析论证，并对项目完成后的经济和社会效益进行预测和评价，以此来确定项目投资是否合理，并作为设计任务书的编制依据。

可行性研究的主要内容包括：建设项目提出的背景，必要性，经济和文化意义及其依据；拟建项目规模，产品方案，市场预测；技术工艺，主要设备，建设标准；资源供应和运输条件；建设地点，场地布置及设计方案；环境保护，防洪抗震等需求与相应措施；劳动定员及培训；建设工程和进度建议；投资估算和资金措施方式；经济效益和社会效益分析。

在可行性研究的基础上可编制可行性研究报告。我国对可行性研究报告的审批权限提出明确规定，必须按规定将编制好的可行性研究报告送交有关部门批准。经批准的可行性研究报告不得随意修改和变更。如果在建设规模、产品方案等主要内容上需要修改或突破投资控制数时，应经原批准单位复审同意。

2．建设准备阶段

根据批准的可行性研究报告，成立项目法人，进行工程地质勘察、初步设计和施工图设计，编制设计概算，安排年度建设计划及投资计划，进行工程发包，准备设备、材料，做好施工准备等工作，这个阶段的工作中心是勘察和设计。

（1）勘察　勘察是指根据建设项目要求，查明、分析和评价建设场地的地质、地理环境特征和岩土工程条件并提出合理建议，编制建设工程勘察文件的活动，为设计提供实际依据。复杂工程分为初勘和详勘两个阶段。

（2）设计　有相应资质的设计单位经建设单位招标或直接委托，在大量调查资料和勘察工作的基础上，根据批准的可行性研究报告，将建设项目的要求逐步具体化，编制成为指导施工的设计文件，即工程图纸及其说明书。设计文件是安排建设项目和进行建筑施工的主要依据。

一般建设项目多采用两阶段设计，即初步设计和施工图设计。技术上比较复杂或缺少设计经验的项目可采用三阶段设计，即初步设计、技术设计（包括编制修正概算）和施工图设计。

1）初步设计。为最终确定项目在指定地点和规定时间内完成已批准的可行性研究报告所提出的建设内容的可能性和合理性，通盘规划做出初步概略的实施方案（大型、复杂的项目还需绘制建筑透视图或制作建筑模型），解决工程建设中重要的技术和经济问题，并通过编制概算确定总的建设费用。

初步设计由建设单位组织审批，批准后不得随意更改建设规模、建设地址、主要工艺过程、主要设备和总投资等控制指标。

2）技术设计。技术设计是对初步设计的补充、修正和深化。它根据更详细的调查研究材料，进一步完善建筑、结构、工艺、设备等的技术决策，以使技术经济达到最优。根据技术设计可对大型专用设备进行订货。

3）施工图设计。施工图设计较前一阶段的设计更为形象、具体、明确，需完成建筑、结构、设备以及场内道路等全部施工图、工程说明书、结构计算书以及施工图预算等。在工艺方面，应具体确定各种设备型号、规格及各种非标准设备的制作、加工和安装图。它是组织建筑安装施工、制造非标准设备以及加工各类构配件的依据。同时，在该阶段通过编制施工图预算可最终确定出工程造价。

（3）施工准备　为保证建设项目连续、均衡、有节奏地进行，多快好省地完成建设工作，要做好技术、物资和组织等方面的施工准备工作，以提高工程质量，降低工程成本，加快施工进度。具体包括：组建筹建机构；征地、拆迁和场地平整；工程地质勘察；完成施工用水、电、通信及道路等工程；收集设计基础资料，组织设计文件的编审；组织设备和材料订货；组织施工招标投标，择优选定施工单位；办理开工报建手续。

施工准备工作在可行性研究报告批准后就可着手进行。开工前的施工准备工作基本完成，具备工程开工条件之后，由建设单位向有关部门交出开工报告。有关部门对工程建设资金的来源，资金是否到位以及施工图出图情况等进行审查，符合要求后批准开工。

3．项目实施阶段

做好施工准备，具备开工条件，开工报告获主管部门批准后，就可以进入项目实施阶段。这是项目建成投产发挥投资效益的关键环节，是在建设程序中时间最长、工作量最大、资源消耗最多的阶段。这个阶段的工作中心是根据设计图进行建筑安装施工，还包括做好生产或使用准备，试车运行，竣工验收，交付生产使用等内容。

（1）建设实施　作为建设程序中的重要一环，建设实施就是将计划和施工图变为实物的过程，即建筑施工。为保证建设计划的全面完成要衔接好计划、设计、施工三个环节，落实好投资、工程内容、施工图、设备材料、施工力量等方面。

施工之前要认真做好图纸会审工作，编制施工图预算和施工组织设计，明确投资、进度、质量的需求，施工中要严格按照施工图和图纸会审记录施工，如需变动应取得建设单位和设计单位的同意；要严格执行有关施工标准和规范，确保工程质量；按合同规定的内容全面完成施工任务。

（2）生产准备　为保证项目建成后及时投产，建设单位在建设阶段应积极做好生产准备工作，它是衔接建设和生产的桥梁。建设单位应及时组成专门班子或机构做好生产准备工作。

生产准备工作的内容根据工程类型的不同而有所区别，一般应包括下列内容：组建生产经营管理机构，制定管理制度和有关规定；招收并培训生产管理人员，组织人员参加设备的安装，调试和验收；生产技术的准备和运营方案的确定；原材料、燃料、协作产品、工器具、备品和备件等生产物资的准备；其他必需的生产准备。

（3）竣工验收　建设项目按批准的设计文件和合同规定的内容建成，即生产性项目经负荷试运转能够生产合格产品或非生产性项目符合设计要求能够正常使用，需根据国家有关规定及时组织验收，办理移交固定资产手续。竣工验收是全面考核建设成果、检验设计和工程质量的重要步骤，是投资成果转入生产或使用的标志。

建筑工程施工质量验收应符合以下流程：参加工程施工质量验收的各方面人员应具备规定资格；单位工程完工后，施工单位应自行组织有关人员进行检查评定，并向建设单位提交工程验收报告；建设单位收到工程验收报告后，应由建设单位（项目）负责人组织施工（含分包单位）、设计、监理等单位（项目）负责人进行单位（子单位）工程验收；单位工程质量验收合格后，建设单位应在规定时间内将工程验收报告和有关文件报建设行政管理部门备案。

（4）后评价　为不断提高项目决策水平和投资效果，一般建设项目经过1～2年生产运营（或使用）要进行一次系统的评价以肯定成绩、吸取教训、做出改进，这是我国建设程序新增加的一项内容。它包括项目法人的自我评价、项目行业的评价和计划部门（或主要投资方）的评价三个层次的组织实施。主要内容包括影响评价、经济效益评价和过程评价。

三、建筑施工项目管理程序

在长期施工实践中归纳出的符合客观规律的施工项目管理程序，是拟建工程项目在整个施工阶段必须遵循的先后次序，是建筑企业运用系统理论和科学技术方法对施工项目进行计划、组织、监督、控制和协调全过程的管理。实践中，施工项目管理程序由下列各环节组成（图1-2）。

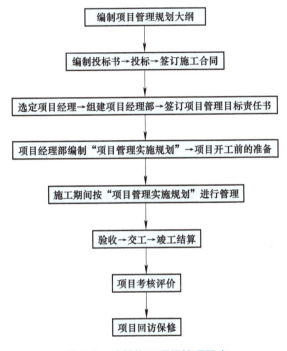

图 1-2　建筑施工项目管理程序

作为投标依据，项目管理规划大纲是由企业管理层在投标之前编制的满足招标文件要求及签订合同要求的文件。内容应包括：项目概况、项目实施条件、项目投标活动，以及签订施工合同的策略、项目管理目标、项目组织结构、质量目标和施工方案、工期目标和施工总进度计划、成本目标、项目风险预测和安全目标、项目现场管理和施工平面图、投标和签订施工合同、文明施工及环境保护等。

在项目管理规划大纲的基础上，施工单位要从多方面掌握大量信息，编制投标书。如若中标，则与招标方进行谈判，依法签订施工合同。签订施工合同后，施工单位应选定项目经理，项目经理接受企业法定代表人的委托组建项目经理部，配备管理人员。企业法定代表人根据施工合同和经营管理目标要求与项目经理签订"项目管理目标责任书"，明确规定项目经理部应达到成本、质量、进度和安全等控制目标。

工程开工之前，依据项目管理规划大纲、项目管理目标责任书和施工合同，项目经理主持编制项目管理实施规划（或施工组织设计）。内容应包括：工程概况、施工部署、施工方案、施工进度计划、资源供应计划、施工准备工作计划、施工平面图、技术组织措施计划、项目风险管理、信息管理和技术经济指标分析等。项目管理实施规划会审后，由项目经理签字并报企业主管领导人审批。随后应抓紧落实各项施工准备工作，具备开工条件后，提出开工申请报告，经审查批准后，即可正式开工。

施工过程中，项目经理部应从全局出发，按照项目管理实施规划（或施工组织设计）精心组织施工，保证质量、进度、安全和成本等目标的顺利实现。

承包人在企业内部验收合格并整理好各项交工技术经济资料后，向发包商出预约竣工验收的通知书，由发包人组织设计、施工、监理等单位进行项目竣工验收。竣工验收通过后，办理竣工结算，承包人应在规定期限内向发包人办理工程移交手续。随后，项目经理应做出项目管理总结报告并送企业管理层有关职能部门。

企业管理层组织项目考核评价委员会对项目管理工作进行全面考核和评估。考核评价通过后，兑现"项目管理目标责任书"中的奖惩承诺，项目经理部解体。依据施工合同的约定和"工程质量保修书"的承诺，承包人在施工项目竣工验收后，对工程使用状况和质量问题向用户访问了解，并对发生在保修期内的质量问题进行修理并承担相应经济责任。

单元三　建筑产品及其施工特点

一、建筑产品的特点

建筑产品和其他工农业产品一样，具有商品的属性。但由于建筑产品的使用功能、空间组合、结构与构造形式等多样性，以及建筑产品所用材料的物理力学性能的特殊性，决定了建筑产品具有与一般商品不同的特点，具体如下：

1. 建筑产品的固定性

建筑产品从建造那天起，便与承载它的土地牢固地结为一体，不可分割，不可移动，形成了建筑产品最大的特点，即产品在空间上的固定性。在许多情况下，这些产品本身甚至就是土地不可分割的一部分。例如油气田、地下铁道和水库等。

2. 建筑产品的多样性

在各自特定的条件下，建筑产品要满足业主提出的使用功能要求，因而每项工程都有不同的用途、规模、结构、造型、功能、等级和装饰等。需要选用不同的材料、设备和劳动力。此外，由于建设地点和设计的不同，受到各地区的自然条件、社会条件等诸因素的限制，必须采用不同的施工方法，单独组织施工。因而建筑产品的形态、功能多样，各具特色。即使同一类工程，各个单件也有差别。

3. 建筑产品的综合性

体积庞大的建筑产品是一个错综复杂的实物体系，为了满足其使用功能的需要，需占据广阔的平面与空间，耗费大量的物质人力资源，综合工艺设备、土建工程、采暖通风、供水供电、通信网络、安全监控、卫生设备等各类设施及技术成就。

此外，建筑产品还具有地域性、体型庞大等特点。

二、建筑施工的特点

建筑产品的特点决定了建筑产品建造特点与一般工业产品生产特点不同，具有自身的特殊性。具体如下：

1．建筑产品建造的流动性

与工业生产中产品流动不同，建筑产品是固定的并且有严格的施工顺序，这就决定了建筑产品建造的流动性。参与施工的人员、机具设备等不仅要随着建筑产品的建造地点变更而流动，而且还要随着建筑产品施工部位的改变而不断地在空间流动。施工所需的大量劳动力、材料、机械设备必须围绕固定建筑产品开展活动，而且在完成一个固定性产品以后，又要流动到另一个固定性产品上去。这就要求事先必须有一个周密的项目管理规划（施工组织设计），合理安排和组织流动的人员、机具、材料等，使建筑施工有条不紊、连续均衡地进行。

2．建筑产品建造的单件性

建筑产品的多样性决定了每件建筑产品都有专门的用途，都需采用不同的造型、不同的结构、不同的施工方法，使用不同的材料、设备和建筑艺术形式。根据使用性质、耐用年限和抗震要求，采用不同的耐用等级、耐火等级和抗震等级。随着建筑新技术、新材料、新结构的不断涌现，建筑艺术形式经常推陈出新，即使用途相同的建筑产品，由于兴建时期的不同，采用的材料、结构和艺术形式也会不同。即使采用同一种设计图的建筑产品，由于地形、地质、水文、气候等自然条件的影响，以及交通、材料资源等社会条件的不同，在建造时，往往也需要对设计图及施工方法和施工组织等做相应的改变。

3．建筑产品建造周期长

建筑产品建造过程要经过勘察、设计、施工、安装等诸多环节，涉及面广，协作关系复杂，施工企业内部要进行多工种综合作业，需长期地、大量地投入人力、物力、财力，同时由于建筑产品地点的固定性，建造过程中还要受到生产技术制约以及工艺流程和活动空间的限制，使各专业、工种间必须按照合理的施工顺序进行配合和衔接，从而导致建筑产品生产具有生产周期长的特点。应科学地组织建筑生产，不断缩短生产周期，提高投资效果。

4．建筑产品建造过程的复杂性

建筑产品建造的自然条件（地形、地质、水文、气候等），技术条件（结构类型、技术要求、施工水平、材料和半成品质量等）和社会条件（物资供应与运输、专业化、协作条件等）常常有很大差别，可变因素多，因此建造的预见性、可控性差。而建筑产品的建造必须在有限的场地和空间上集中大量的人力、物资、机具进行交叉作业，涉及面广，综合性强，需要各部门和单位之间的协作配合，从而使建筑产品建造的组织协作综合复杂。

此外，建筑产品的固定性决定了建筑产品的建造过程露天作业多，受气候因素影响大，工人劳动条件差。建筑产品的体形庞大的特点，决定了建筑产品生产高空作业多，增加了作业环境的不安全因素等。

三、建筑施工的基本原则

根据我国建筑行业多年来积累的经验和教训，在编制施工组织设计和组织项目施工时，应遵守以下原则：
1）认真贯彻执行党和国家对工程建设的各项方针和政策，严格执行现行的建设程序。
2）遵循合理的施工顺序，在保证工程质量的前提下加快建设速度，缩短工程工期。
3）统筹安排，保证重点，科学安排施工进度计划，保证人力、物力充分发挥作用，合理地安排季节性施工项目，提高施工的连续均衡性。
4）认真贯彻建筑工业化方针，不断提高施工机械化水平，大力发展装配式建筑，改善劳动条件，减轻劳动强度，提高劳动生产率。
5）精心规划施工平面图，尽量减少临时设施，合理储存物资，节约用地。
6）充分利用当地资源，减少物资运输量。
7）采用国内外先进施工技术，科学地确定施工方案，贯彻执行施工技术规范、操作规程，提高工程质量，确保安全施工，缩短施工工期，降低工程成本。
8）做好现场文明施工和环境保护工作。

单元四　施工组织设计概论

施工组织设计是我国长期工程建设实践中形成的一项管理制度，它根据拟建工程的特点，对人力、材料、机械、资金、施工方法等方面的因素全面分析，科学合理地安排，形成指导拟建工程全过程中各项活动的技术、经济和组织的综合性文件。该文件是科学管理施工活动的有力手段。

一、建筑施工组织设计的作用

反映客观实际，符合建筑产品及其建造特点要求的施工组织设计可以保证拟建工程施工的顺利完成。它在工程建设中起着重要的规划作用和组织作用，是加强项目管理的重要措施，是检查工程施工进度、质量、成本三大目标的依据。具体表现为：
1）施工组织设计是施工准备工作的核心，是指导各项准备工作（技术准备、物资准备和施工场地准备）的主要依据。
2）施工组织设计是实现建造目标的技术保证，可以事先排除施工中可能遇到的困难与障碍，减少施工的盲目性。
3）施工组织设计制定的施工方案和进度表等是对拟建工程施工全过程实行科学管理的重要手段。
4）施工组织设计对现场的规划布置为文明施工创造了条件。
5）施工组织设计是编制施工预算的主要依据，是建设单位与施工单位之间履行合同，处理关系的主要依据。

二、施工组织设计的分类

1. 按设计阶段的不同分类

施工组织设计的编制一般是同勘察设计阶段相配合。设计按两个阶段进行时，施工组织设计分为施工组织总设计（扩大初步施工组织设计）和单位工程施工组织设计两种。设计按三个阶段进行时，施工组织设计分为施工组织设计大纲（初步施工组织条件设计）、施工组织总设计和单位工程设计三种。

2．按编制对象范围的不同分类

（1）施工组织总设计　施工组织总设计是以一个建筑群或一个施工项目为编制对象，用以指导整个建筑群或施工项目施工全过程的各项施工活动的技术、经济和组织的综合性文件。

（2）单位工程施工组织设计　单位工程施工组织设计是以一个单位工程（一个建筑物或构筑物、一个交工系统）为对象，用以指导其施工全过程的各项施工活动的技术、经济和组织的综合性文件。

（3）分部分项工程施工组织设计　分部分项工程施工组织设计是以分部分项工程为编制对象，用以具体指导其施工全过程的各项施工活动的技术、经济和组织的综合性文件。

（4）专项施工组织设计　专项施工组织设计是以某一专项技术（如重要的安全技术、质量技术或高新技术）为编制对象，用以指导其施工的综合性文件。

3．根据编制阶段的不同分类

施工组织设计根据编制阶段的不同可以分为两类：一是投标前编制的施工组织设计（简称标前施工组织设计）；另一类是签订工程承包合同后编制的施工组织设计（简称标后施工组织设计）。两类施工组织设计的区别见表 1-1。

表 1-1　标前和标后施工组织设计的区别

种类	服务范围	编制时间	编制者	主要特性	主要目标
标前施工组织设计	投标与签约	投标前	经营管理层	规划性	中标和经济效益
标后施工组织设计	施工准备至验收	签约后	项目管理层	作业性	施工效率和效益

三、施工组织设计的内容

根据合同工期及有关规定，在广泛征求各协作单位意见的基础上，施工单位必须编制建设工程施工组织设计。编程过程中，要充分发挥各职能部门的作用，合理地进行工序交叉配合的程序设计。对结构复杂、施工难度大以及采用新工艺和新技术的工程项目，要进行专业性的研究，当比较完整的施工组织设计方案提出之后，要组织参加编制的人员及单位进行讨论修改，最终形成正式文件，给主管部门审批。一个完整的施工组织设计主要包括以下基本内容：工程概况、施工方案、施工进度计划、施工准备工作、各项资源需用量计划、施工平面布置图、主要技术组织保证、主要技术经济指标、结束语。施工组织设计效果必须通过实践去验证，为保证施工组织设计的顺利实施，施工中应做到统筹安排，综合平衡，切实做好交底工作和施工准备工作，推行项目经理责任制和项目成本核算制。

四、建筑施工组织课程的内容与学习方法

1．建筑施工组织课程的内容

从施工组织设计的构成要素出发，本课程体系包括：施工组织绪论、施工准备工作、工程概况和施工方案选择、流水施工原理、网络计划技术、施工进度计划控制、单位工程施工平面布置图、单位工程施工组织设计及施工组织总设计。基本内容如下：

（1）建筑施工组织绪论　着重介绍建筑施工组织的基本知识，内容包括：建筑施工组织研究的对象和任务；建设项目的建设程序；建筑产品及其施工特点以及施工组织的分类、作用及内容。

　　（2）施工准备工作　内容包括：施工准备工作的意义与内容；原始资料的调查研究；技术资料准备；劳动力及物资准备；施工现场准备及冬期、雨期和夏季的季节性施工准备。

　　（3）工程概况和施工方案选择　内容包括：工程概况及施工特点分析；施工顺序、施工方法和施工机械的选择等施工方案的设计以及绿色施工方案。

　　（4）流水施工原理　系统地论述流水作业的基本概念；流水作业基本参数确定方法；各种常见的流水作业组织方法及其在工程施工组织设计中的应用。

　　（5）网络计划技术　阐述现代计划管理的原理与技术，包括：网络计划的基本概念；几种常用网络的绘制和计算；网络计划优化。

　　（6）施工进度计划控制　包括：施工进度计划控制的概念、内容及措施；网络计划执行过程中的调整与控制；实际进度和计划进度的比较方法。

　　（7）单位工程施工平面布置图　包括：施工平面布置图的内容和施工平面图设计的依据及原则；施工平面图设计步骤，如起重机械的位置，仓库、材料堆场和搅拌站的位置，运输道路的布置，临时设施的布置，水电管网的布置等。

　　（8）单位工程施工组织设计　将以上理论内容综合应用于实践工程，规划单位工程施工组织及其设计文件的编制。

　　（9）施工组织总设计　统筹规划与协调组织建筑群施工组织设计文件的编制方法与工作程序。内容包括：施工方案的选择；施工进度计划的编制；各种资源需要量计划的编制；施工平面图设计等。

2．建筑施工组织课程的学习特点

　　建筑施工组织是一门实践性很强的综合性学科。任何一项工程的施工，都必须从该工程实际的技术经济特点、工程特点和施工条件出发，规划符合客观实际的施工组织方案，并在实践中检验、丰富和完善。所以说理论联系实际是学习本课程的关键，除了加深对基本理论、基本知识的理解和掌握以外，结合实际工程和具体的施工条件，应灵活运用所学知识，解决施工问题，是学习本门课程一定要坚持的学习方法。

　　建筑施工组织是一门政策性很强的综合性学科。组织任何一项工程的施工，都必须以党和政府制订的基本建设的各项方针政策为指导，遵循建筑施工组织的基本原则。因此，作为一个合格的建筑施工技术人员，必须重视对党和政府颁布的有关基本建设的方针政策的学习和领会，加强政策观念，提高政策水平。

　　建筑施工组织同时也是一门软科学。从知识构成因素来说，它是一门多学科交叉的边缘学科。与它相关的学科有房屋建筑、工程结构、工程力学、施工技术、建筑材料、建筑机械、建筑工程经济等。此外，本门学科中还要运用计算机科学、系统科学、现代管理科学以及应用数学等专门知识。因此，学习本门课程必须有广阔的知识面。注意锻炼综合运用各种专业知识、全面思考、统筹规划的决策能力，以及灵活机动巧妙处理各种随机事件的办法。

　　总之，学习本门课程既要重视基本理论和基本方法的学习，又要重视提高分析问题和解决实际问题的能力。只有这样，一面学习理论，一面努力实践，才能成为一名合格的建筑施工技术人员。此外，任何书本知识总是前人经验的系统化和理论化，而科学技术是不断发展的，只有那些善于开拓进取、不断追求新知、富于钻研创造精神的人，才会达到更高的境界。

小　　结

本模块在明确建筑施工组织研究对象和任务的基础上，学习了建设项目的含义、特点、分类以及组成。明确建设程序是建设项目从决策、设计、施工和竣工验收到投产交付使用全过程中必须遵守的先后顺序；明确符合客观规律的施工项目管理程序是建筑企业运用系统理论和科学技术方法对施工项目进行的计划、组织、监督、控制协调全过程的管理。建筑产品的地点固定、类型多样和体系复杂三大主要特点决定了建筑产品建造具有流动性、单件性和复杂性。随后在学习施工组织设计编制原则的基础上，明确施工组织设计是我国长期工程建设实践中形成的一项管理制度，它根据拟建工程的特点，对人力、材料、机械、资金、施工方法等方面的因素全面分析，科学合理地安排，形成指导建设拟建工程全过程中各项活动的技术、经济和组织的综合性文件。该文件是科学管理施工活动的有力手段。一个完整的施工组织设计主要包括以下基本内容：工程概况、施工方案、施工进度计划、施工准备工作、各项资源需用量计划、施工平面布置图、主要技术组织保证、主要技术经济指标、结束语。最后，本单元系统论述了本课程的内容，并给出了适合本课程特点的学习方法。

能力训练

1. 什么是建设项目？
2. 简述建设程序和建筑施工项目管理程序。
3. 试述建筑产品特点及其施工的特点。
4. 施工组织设计可分为哪几类？它包括哪些主要内容？
5. 标前施工组织设计和标后施工组织设计有何区别？

实训项目

施工现场参观

一、实训目的

认知建筑工程施工组织设计在现场的实施情况。

二、实训内容

熟悉工程基本情况，初步了解施工项目的基本建设程序，现场感受建筑工程施工特点，回校后讨论所参观工程的特点，项目施工组织设计包括的内容及实施情况。

三、实训要求

选择某大中型建筑施工项目，要求现场管理规范，安全措施得当，并有现场技术人员介绍施工组织情况。

模块二 施工准备工作

学习目标

- ➤ 了解施工准备工作的意义、分类及要求。
- ➤ 掌握施工准备工作内容和方法。

建议学时

- ➤ 4～6学时

引导案例

做好施工准备

随着社会的发展，社会节奏的不断加快，人们更加注重时间和效益的关系。建筑领域也不例外，结构形式越来越复杂，建筑规模越来越大，而建造周期却越来越短，这就对建筑企业提出了一个要求，如何在尽可能短的时间内，保质保量地完成建设任务。答案有很多，如提高工作效率、加大资源投入、革新生产工艺等，这些措施都对缩短建造周期起到积极的促进作用，而其中就有很重要的一项措施——完善施工准备。俗话说"磨刀不误砍柴工"，良好的施工准备工作对施工工作的顺利开展有着不可忽视的作用。

【引入问题】

1. 为什么良好的施工准备工作对施工工作的顺利开展有着不可忽视的作用？
2. 完善的施工准备可以保证施工质量，缩短建造周期，那么作为施工企业应该做好哪些方面的施工准备工作呢？

单元一 概　　述

施工准备工作是指为了保证工程顺利开工和施工活动正常进行而事先做好的各项准备工作。它从签订施工合同开始，至工程施工竣工验收合格结束，贯穿于整个工程施工的全过程。因此，应当自始至终坚持"不打无准备之仗"的原则来做好这项工作，否则就会丧失主动权，处处被动，甚至使施工无法开展。

一、施工准备工作的意义

（一）建筑施工的必要程序

施工准备工作是建筑施工程序、施工项目管理程序中的一个重要阶段，是保证整个工程施工和安装顺利进行的重要环节，只有认真做好施工准备工作，才能取得良好的施工效果。现代建筑工程施工十分复杂，其技术规律和市场经济规律要求工程施工必须严格按照建筑施工程序和施工项目管理程序进行。

（二）创造工程开工和顺利施工条件

工程施工中不仅需要耗用大量的材料，使用多种施工机械设备，组织安排各工种的劳动力，而且还需要处理各种复杂的技术问题，协调各种协作关系，因此需要通过施工准备工作，进行统筹安排和周密准备，为拟建工程的施工建立必要的技术和物质条件，统筹安排施工力量和施工现场，为工程顺利开展创造必要的条件。

（三）降低施工风险

由于建筑产品及其施工生产的特点，其生产过程受外界干扰及自然因素的影响较大，因而施工中可能遇到的风险较多。只有周密地分析，根据多年积累的施工经验，采取有效的防范控制措施，充分做好施工准备工作，加强应变能力，才能有效降低风险损失。

（四）提高企业综合经济效益

认真做好施工准备工作，有利于发挥企业优势，合理供应资源，加快施工进度，提高工程质量，降低工程成本，增加企业经济效益，赢得企业社会信誉，实现企业管理现代化，从而提高企业综合经济效益。

实践证明，只有重视且认真细致地做好施工准备工作，积极为工程项目创造一切施工条件，才能保证施工顺利进行。否则，就会给工程的施工带来麻烦和损失，以致造成施工停顿、质量安全事故等恶果。

二、施工准备工作的分类

（一）按施工准备工作的范围不同进行分类

（1）施工总准备（全场性施工准备） 它是以整个建设项目为对象而进行的各项施工准备。其作用是为整个建设项目的顺利施工创造条件，既为全场性的施工活动服务，也兼顾单位工程施工条件的准备。

（2）单位工程施工条件准备 它是以一个建筑物或构筑物为对象而进行的各项施工准备。其作用是为单位工程的顺利施工创造条件，既为单位工程做好一切准备，又为分部（分项）工程施工进行作业条件的准备。

（3）分部（分项）工程作业条件准备 它是以一个分部（分项）工程或季节性施工工程为对象而进行的作业条件准备。

（二）按工程所处的施工阶段不同进行分类

1. 开工前的施工准备工作

它是在拟建工程正式开工之前所进行的带有全局性和总体性的施工准备。其作用是为工程开工创造必要的施工条件。

2. 各阶段施工前的施工准备

它是在工程开工后，某一单位工程或某个分部（分项）工程或某个施工阶段、某个施工环节施工前所进行的带有局部性或经常性的施工准备。其作用是为每个施工阶段创造必要的施工条件。它一方面是开工前施工准备工作的深化和具体化；另一方面，要根据各施工阶段的实际需要和变化情况，随时做出补充修正与调整。

如一般框架结构的建筑施工，可分为地基基础工程、主体工程、屋面工程、装饰装修工程等阶段，每个施工阶段的施工内容不同，所需要的技术条件、物资条件、组织措施要求和现场平面布置等方面也不同，因此，在每个施工阶段开始之前都必须做好相应的施工准备。施工准备工作具有整体性、连续性与阶段性的特点，必须有计划、有步骤、分期、分阶段地进行。

三、施工准备工作的内容

施工准备工作的主要内容一般可以归纳为以下几个方面：原始资料的调查研究、施工技术资料准备、资源准备、施工现场准备、季节施工准备，如图 2-1 所示。

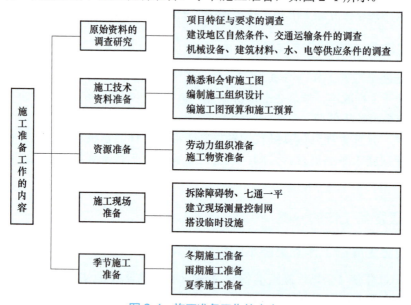

图 2-1 施工准备工作的内容

施工准备工作的具体内容应视工程本身及其具备的条件而定。只包含一个单位工程的施工项目和包含多个单位工程的群体项目，一般小型工程项目和技术复杂的大中型项目，新建项目和改扩建项目，在未开发地区兴建的项目与在城市中兴建的项目等，会因工程的特点、性质、规模及不同的施工条件，对施工准备工作提出不同的内容要求。在确定施工准备工作内容时，应按照项目的规划确定，并制订各阶段施工准备工作计划，如此才能为项目开工与顺利施工创造必要的条件。

四、施工准备工作的要求

（一）取得协作单位的支持和配合

施工准备工作涉及面广，不仅施工单位要努力完成，还要取得建设单位、监理单位、设计单位、以及其他协作单位的大力支持，分工协作，共同做好施工准备工作。

（二）分阶段、有组织、有计划、有步骤地进行

为落实各项施工准备工作，加强检查与监督，必须根据各项施工准备工作的内容、时间和人员，编制施工准备工作计划。还可以利用网络计划技术，进行施工准备期的调整，尽量缩短施工准备时间，确保各项施工准备工作有组织、有计划、分期分批地进行，贯穿于施工全过程。

（三）应有严格的保证措施

1. 建立施工准备工作责任制

按施工准备工作计划将各项准备工作责任落实到有关部门和个人，明确各级技术管理人员在施工准备工作中应负的责任，以便确保按计划要求的内容与时间进行。现场施工准备工作应由项目经理部全权负责。

2. 建立施工准备工作检查制度

在施工准备工作实施过程中，应定期检查施工准备工作计划的执行情况，以便及时发现问题，分析原因，排除障碍，协调施工准备工作进度或调整施工准备工作计划。

3. 实行开工审批制度

施工准备工作完成后，项目经理部应提交开工申请，报告送项目监理部审批，由总监理工程师签发开工令，在限定时间内开工，不得拖延。

（四）施工准备工作应做好几个结合

1. 施工与设计的结合

施工合同签订后，施工单位应尽快与设计单位联系，在构件选择、新材料新技术的采用以及施工图等方面取得一致意见，便于日后施工。

2. 室内准备与室外准备工作的结合

室内准备工作主要指各种技术经济资料的编制和汇集（如熟悉图纸、编制施工组织设计等）；室外准备工作主要指施工现场准备和物资准备。室内准备对室外准备起指导作用，室外准备是室内准备的具体落实。

3. 土建工程与专业工程的结合

工程总承包单位，在明确施工任务，拟定施工准备工作的初步计划后，应及时通知各相关协作专业单位，使各专业单位及时完成施工准备工作，做好与土建单位的协作配合。

4. 前期准备与后期准备的结合

施工准备工作不仅工程开工前要做，工程开工后也要做。因此，要统筹安排前、后期的施工准备工作，既立足于前期准备，又着眼于后期准备，把握时机，及时完成施工准备工作。

单元二　原始资料的调查研究

原始资料的调查研究是施工准备工作的一项重要内容，也是编制施工组织设计的重要依据。当施工单位进入一个新的城市或地区，对建设地区的技术经济条件、场地特征和社会情况等不熟悉时，原始资料的调查研究显得尤为重要。原始资料的调查研究应有计划、有目的地进行，事先应拟定详细的调查提纲、调查范围、内容等，应根据拟建工程规模、性质、复杂程度、工期及对当地了解程度确定。对调查收集的资料应注意整理归纳、分析研究，对其中特别重要的资料，必须复查数据的真实性和可靠性。

一、项目特征与要求的调查

施工单位应按所拟定的调查提纲，首先向建设单位、勘察设计单位收集和项目有关的工程资料（表 2-1）；向当地有关行政管理部门收集现行的项目施工相关规定、标准以及与该项目建设有关的文件等资料；向建筑施工企业与主管部门了解参加项目施工的其他各家单位的施工能力与管理状况等。

表 2-1　项目特征与要求的调查表

序号	调查单位	调查内容	调查目的
1	建设单位	1. 建设项目设计任务书、有关文件 2. 建设项目性质、规模、生产能力 3. 生产工艺流程、主要工艺设备名称及来源、供应时间、分批和全部到货时间 4. 建设期限、开工时间、交工先后顺序、竣工投产时间 5. 总概算投资、年度建设计划 6. 施工准备工作的内容、安排、工作进度表	1. 施工依据 2. 项目建设部署 3. 制定主要工程施工方案 4. 规划施工总进度 5. 安排年度施工计划 6. 规划施工总平面 7. 确定占地范围
2	设计单位	1. 建设项目总平面规划 2. 工程地质勘察资料 3. 水文勘察资料 4. 项目建筑规模，建筑、结构、装修概况，总建筑面积、占地面积 5. 单位工程数量 6. 设计进度安排 7. 生产工艺设计、特点 8. 地形测量图	1. 规划施工总平面图 2. 规划生产施工区、生活区 3. 安排大型临建工程 4. 概算施工总进度 5. 规划施工总进度 6. 计算平整场地土石方量 7. 确定地基、基础的施工方案

二、建设地区自然条件的调查

主要内容包括对建设地区的气象、地形、地貌、工程地质、水文地质、周围环境、地上障碍物、地下隐蔽物等项调查。这些资料可向当地气象台站、勘察设计单位调查以及施工单位对现场进行勘测得到。为确定施工方法、技术措施、季节性施工措施以及施工进度计划编制和施工平面规划布置等提供依据。自然条件调查的项目见表 2-2。

表 2-2 建设地区自然条件的调查表

序号	项目	调查内容	调查目的
1		气象资料	
(1)	气温	1. 全年各月平均温度 2. 最高温度及月份、最低温度及月份 3. 冬天、夏天室外计算温度 4. 霜、冻、冰雹期 5. 小于 −3℃、0℃、5℃的天数，起止日期	1. 防暑降温 2. 全年正常施工天数 3. 冬季施工措施 4. 估计混凝土、砂浆强度增长
(2)	降雨	1. 雨期起止时间 2. 全年降水量、一日最大降水量 3. 全年雷暴天数、时间 4. 全年各月平均降水量	1. 雨期施工措施 2. 现场排水、防洪 3. 防雷 4. 雨天天数估计
(3)	风	1. 主导风向及频率（风玫瑰图） 2. 大于或等于 8 级风的全年天数、时间	1. 布置临时设施 2. 高空作业及吊装措施
2		工程地形地质	
(1)	地形	1. 区域地形图 2. 工程位置地形图 3. 工程建设地区的城市规划 4. 控制桩、水准点的位置 5. 地形、地质的特征 6. 勘察文件、资料	1. 选择施工用地 2. 合理布置施工总平面图 3. 计算现场平整土方量 4. 障碍物及数量 5. 拆迁和清理施工现场
(2)	地质	1. 钻孔布置图 2. 地质剖面图（各层土的特征、厚度） 3. 土质稳定性：滑坡、流沙、冲沟 4. 地基土强度的结论，各项物理力学指标：天然含水量、孔隙比、渗透性、压缩性指标、塑性指数、地基承载力 5. 不利土质分布情况；最大冻结深度 6. 防空洞、枯井、古墓、洞穴、地基土破坏情况 7. 地下沟渠管网、地下构筑物	1. 土方施工方法的选择 2. 地基处理方法 3. 基础、地下结构施工措施 4. 障碍物拆除计划 5. 基坑开挖方案设计
(3)	地震	抗震设防烈度的大小	对地基、结构的影响，施工注意事项
3		工程水文地质	
(1)	地下水	1. 最高、最低水位及时间 2. 流向、流速、流量 3. 水质分析 4. 抽水试验、测定水量	1. 土方、基础施工方案选择 2. 降低地下水位措施 3. 判定侵蚀性质及施工注意事项
(2)	地面水（河流）	1. 临近的江河、湖泊及距离 2. 洪水、平水、枯水时期的水位、流量、流速、航道深度、通航可能性 3. 水质分析	1. 临时给水 2. 航运组织 3. 水工工程
(3)	周围环境	1. 施工区域现有建筑物、构筑物、沟渠、水流、树木、土堆、高压输变电线路等 2. 周边人员工作、生活、健康状况	1. 拆迁、拆除及保护工作 2. 合理布置施工平面 3. 合理安排施工进度

三、交通运输条件的调查

交通运输方式一般常见的有铁路、水路、公路、航空等。交通运输资料可向当地公路、铁路运输和航运、航空管理部门调查，主要为组织施工运输业务，选择运输方式提供技术经济分析比较的依据。交通运输条件调查的项目见表 2-3。

表 2-3 交通运输条件的调查表

序号	项目	调查内容	调查目的
1	铁路	1. 邻近铁路专用线，车站至工地的距离及沿途运输条件 2. 站场卸货路线长度，起重能力和储存能力 3. 装载单个货物的最大尺寸、重量的限制 4. 支费、装卸费和装卸力量	1. 选择施工运输方式 2. 拟定施工运输计划
2	公路	1. 主要材料产地至工地的公路等级，路面构造宽度及完好情况，允许最大载重量 2. 途经桥涵等级，允许最大载重量 3. 当地专业机构及附近村镇能提供的装卸、运输能力，汽车、蓄力、人力车的数量及运输效率，运费、装卸费 4. 当地有无汽车配修厂、修配能力和至工地距离、路况 5. 沿途架空电线高度	1. 选择施工运输方式 2. 拟定施工运输计划
3	航运	1. 货源、工地至邻近河流、码头渡口的距离，道路情况 2. 洪水、平水、枯水期和封冻期通航的最大船只及吨位，取得船只的可能性 3. 码头装卸能力，最大起重量，增设码头的可能性 4. 渡口的渡船能力，同时可以载汽车、马车数，每日次数，能为施工提供的能力 5. 运费、渡口费、装卸费	1. 选择施工运输方式 2. 拟定施工运输计划

四、机械设备与建筑材料的调查

机械设备指项目施工的主要生产设备，建筑材料指水泥、钢材、木材、砂、石、砖、预制构件、半成品及成品等。这些资料可以向当地的计划、经济、物资管理等部门调查，主要作为确定材料和设备采购（租赁）供应计划、加工方式、储存和堆放场地以及搭设临时设施的依据。机械设备与建筑材料调查的项目见表 2-4。

表 2-4 机械设备与建筑材料的调查

序号	项目	调查内容	调查目的
1	三大材料	1. 钢材订货的规格、牌号、强度等级、数量和到货时间 2. 木材料订货的规格、等级、数量和到货时间 3. 水泥订货的品种、强度等级、数量和到货时间	1. 确定临时设施和堆放场地 2. 确定木材加工计划 3. 确定水泥储存方式
2	特殊材料	1. 需要的品种、规格、数量 2. 试制、加工和供应情况 3. 进口材料和新材料	1. 制订供应计划 2. 确定储存方式
3	主要设备	1. 主要工艺设备的名称、规格、数量和供货单位 2. 分批和全部到货时间	1. 确定临时设施和堆放场地 2. 拟定防雨措施

五、给水排水、供电等供应条件的调查

水、电、气及其他能源资料可向当地城建、电、电信等部门和建设单位调查，主要为选择施工临时供排水、供电与通信、供气方式提供技术经济比较分析的依据。给水排水、供电等供应条件调查的项目见表 2-5。

表 2-5 给水排水、供电等供应条件的调查表

序号	调查项目	调查内容
1	给水排水	1. 与当地现有水源连接的可能性，可供水量，接管地点、管径、管材、埋深、水压、水质、水费，至工地距离，地形地物情况 2. 临时供水源：利用江河、湖水的可能性，水源、水量、水质、取水方式，至工地距离，地形地物情况，临时水井位置、深度、出水量、水质 3. 利用永久排水设施的可能性，施工排水去向、距离、坡度，有无洪水影响，现有防洪设施、排洪能力
2	供电与通信	1. 电源位置，引入的可能，允许供电容量、电压、导线截面、距离、电费、接线地点，至工地距离、地形地物情况 2. 建设单位、施工单位自有发电、变电设备的规格型号、台数、能力、燃料、资料及可能性 3. 利用临近电信设备的可能性，电话、电报局至工地距离，增设电话设备和计算机等自动化办公设备和线路的可能性
3	供气	1. 供气来源，可供能力、数量，接管地点、管径、埋深，至工地距离，地形地物情况，供气价格，供气的正常性 2. 建设单位、施工单位自有锅炉型号、台数、能力、所需燃料、用水水质、投资费用 3. 当地单位、建设单位提供压缩空气、氧气的能力，至工地的距离

六、社会劳动力和生活设施调查

由于建筑工程属于劳动力密集型产业，作为施工企业必须要对劳动力和其需要的生活设施的配置情况进行调查，以满足施工需要。社会劳动力和生活设施调查的项目见表 2-6。

表 2-6 社会劳动力和生活设施的调查表

序号	项目	调查内容	调查目的
1	社会劳动力	1. 少数民族地区的风俗习惯 2. 当地能提供的劳动力人数、技术水平、工资费用和来源 3. 上述人员的生活安排	1. 拟定劳动力计划 2. 安排临时设施
2	房屋设施	1. 必须在工地居住的单身人数和户数 2. 能作为施工用的现有的房屋栋数，每栋面积、结构特征、总面积、位置，水、暖、电、卫、设备状况 3. 上述建筑物的适宜用途，用作宿舍、食堂、办公室的可能性	1. 确定现有房屋为施工服务的可能性 2. 安排临时设施
3	周围环境	1. 主副食品供应，日用品供应，文化教育，消防治安等机构能为施工提供的支援能力 2. 邻近医疗单位至工地的距离，可能就医情况 3. 当地公共汽车、邮电服务情况 4. 周围是否存在有害气体、污染情况，有无地方病	安排职工生活基地，解除后顾之忧

单元三　施工技术资料准备

施工技术资料准备是施工准备的核心工作之一。它指导着现场施工准备工作，对于保证建筑产品质量，实现安全生产，加快工程进度，提高工程经济效益都具有十分重要的意义。

任何技术差错和隐患都可能引起人身安全和质量事故，造成生命财产和经济的巨大损失，因此，必须重视做好施工技术资料准备。

施工技术资料准备的主要内容包括：熟悉和审查施工图、编制施工组织设计、编制施工预算等。

一、熟悉和会审施工图

施工图全部（或分阶段）出图以后，施工单位应依据建设单位提供的设计文件，以及调查、收集的原始资料等，组织有关人员对施工图进行学习和审查，使参与施工的人员掌握施工图的内容、要求和特点，同时发现施工图存在的问题，以便在图纸会审时统一提出解决，确保工程施工顺利进行。

（一）熟悉图纸阶段

由该项目施工项目经理部组织有关工程技术人员认真熟悉图纸，了解设计意图与建设单位要求以及施工应达到的技术标准，明确工程流程。熟悉图纸时应按以下要求进行。

1．先粗后细

先看平、立、剖面图，了解整个工程概貌。对总的长、宽、轴线尺寸、标高、层高、总高有大体印象，再看细部做法，核对总尺寸与细部尺寸、位置、标高是否相符，门窗表中的门窗型号、规格、形状、数量是否与结构相符等。

2．先小后大

先看小样图，后看大样图。核对平、立、剖面图中标注的细部做法，与大样图做法是否相符；所采用的标准构件图集编号、类型、型号，与设计图有无矛盾，索引符号有无漏标，大样图是否齐全等。

3．先建筑后结构

先看建筑图，后看结构图。把建筑图与结构图互相对照，核对轴线尺寸、标高是否相符，查对有无遗漏尺寸，有无构造不合理处。

4．先一般后特殊

先看一般部位和要求，后看特殊部位和要求。特殊部位一般包括地基处理方法、变形缝设置，防水处理要求和抗震、防火、保温、隔热、防尘、特殊装修等技术要求。

5．图纸与说明结合

在看图时应对照设计总说明和图中的细部说明，核对图纸和说明有无矛盾，规定是否明确，要求是否可行，做法是否合理等。

6．土建与安装结合

看土建图时，应有针对性地看安装图，核对与土建有关的安装图有无矛盾，预埋件、预留洞（槽）的位置、尺寸是否一致，了解安装对土建的要求，以便考虑在施工中的协作配合。

7. 图纸要求与实际情况结合

核对图纸有无不符合施工实际处，如建筑物相对位置、场地标高、地质情况等是否与设计图纸相符，对一些特殊施工工艺，施工单位能否做到等。

（二）自审图纸阶段

施工项目经理部组织各专业技术人员对有关图纸进行审查，掌握和了解图纸细节；并在此基础上，由总承包单位内部的土建、水、暖、电等专业，共同核对图纸，消除差错，协商施工配合事项；最后，总承包单位与分包单位在各自审查图纸基础上，共同核对图纸中的差错及协商有关施工配合问题。

自审图纸时可按以下要求进行：

1) 审查建筑、结构、设备安装图纸是否相符，有无"错、漏、碰、缺"，内部结构和工艺设备有无矛盾。

2) 审查地基处理与基础设计同拟建工程地点的工程地质和水文地质等条件是否一致，建筑物或构筑物与原地下构筑物及管线之间有无矛盾等。

3) 明确拟建工程的结构形式和特点，审查设计图中形体复杂、施工难度大和技术要求高的分部分项工程或新结构、新材料、新工艺在施工技术和管理水平上能否满足质量和工期要求，选用的材料、构配件、设备等能否解决。

4) 审查设计是否考虑施工的难度，如建筑造型、结构构件在现有技术层面能否实现，在施工中的难度等问题。

（三）图纸会审阶段

图纸会审由建设单位组织并主持会议，设计单位交底，施工单位、监理单位参加。其基本流程为：设计单位做设计交底，施工单位对图纸提出问题，有关单位发表意见，与会者讨论、研究、协商，逐条解决问题，达成共识，组织会审的单位汇总成文，各单位会签，形成图纸会审纪要，见表2-7。图纸会审纪要作为与施工图具有同等法律效力的技术文件使用，并成为指导项目施工以及进行项目施工结算的依据。

图纸会审应注意以下问题：

1) 建筑平面布置是否符合核准的按建筑红线划定的详图和现场实际情况；是否提供符合要求的永久水准点或临时水准点位置。

2) 图纸及说明是否齐全、清楚、明确。

3) 结构、建筑、设备等图纸本身及相互间有无错误和矛盾，图纸与说明之间有无矛盾。

4) 有无特殊材料（包括新材料）要求，其品种、规格、数量能否满足需要。

5) 设计是否符合施工技术装备条件，如需采取特殊技术措施时，技术上有无困难，能否保证安全施工。

6) 地基处理及基础设计有无问题，建筑物与地下构筑物、管线之间有无矛盾。

7) 建（构）筑物及设备的各部位尺寸、轴线位置、标高、预留孔洞及预埋件大样图及做法说明有无错误和矛盾。

表 2-7 图纸会审记录

编号：

工程名称			时间	年　月　日
地点			专业名称	

序号	图号	图纸问题	会审（设计交底）意见

施工单位	项目（专业）负责人： （公章）	建设单位	项目（专业）负责人： （公章）	监理单位	项目（专业）负责人： （公章）	设计单位	项目（专业）负责人： （公章）

二、编制施工组织设计

施工组织设计是施工单位在施工准备阶段编制的指导拟建工程从施工准备到竣工验收乃至保修回访的技术经济综合性文件；也是编制施工预算、实行项目管理的依据；是施工准备工作的主要文件。它是在投标书施工组织设计的基础上，结合所收集的原始资料等文件，根据施工图及会审纪要，按照编制施工组织设计的基本原则，综合建设单位、监理单位、设计单位的具体要求进行编制，以保证工程好、快、省、安全、顺利地完成。

施工单位必须在约定的时间内完成施工组织设计的编制与自审工作，并填写施工组织设计报审表，报送项目监理机构。总监理工程师应在约定的时间内，组织专业监理工程师审查，提出审查意见后，由总监理工程师审定批准，需要施工单位修改时，由总监理工程师签发书面意见，退回施工单位修改后再报审，总监理工程师应重新审定，已审定的施工组织设计由项目监理机构报送建设单位。施工单位应按审定的施工组织设计文件组织施工，如需对其内容做较大变更，应在实施前将变更书面内容报送项目监理机构重新审定。对规模大、结构复杂或新结构、特种结构的工程，专业监理工程师提出审查意见后，由总监理工程师签发审查意见，必要时与建设单位协商，组织有关专家会审。

三、编施工预算

施工预算是施工单位根据施工合同价款、施工图、施工组织设计或施工方案、施工定额等文件编制的企业内部经济文件，它直接受施工合同中合同价款的控制，是施工前的一项重要准备工作。它是施工企业内部控制各项成本支出、考核用工、签发施工任务书、限额领料，基层进行经济核算、进行经济活动分析的依据。

单元四 资 源 准 备

资源准备指的是施工所需的劳动力组织准备和施工机具设备、建筑材料、构配件、成品等物资准备。它是一项复杂而细致的工作，直接关系到工程的施工质量、进度、成本、安全，因此资源准备是施工准备工作中一项重要工作内容。

一、劳动力组织准备

（一）项目组织机构组建

实行项目管理的工程，建立项目组织机构就是建立项目经理部。这项工作实施的合理与否关系着工程能否顺利进行。施工单位建立项目经理部，应针对工程特点和建设单位要求，根据有关规定进行。

1. 项目组织机构的设置原则

（1）用户满意原则　施工单位应根据建设单位的要求和合同约定组建项目组织机构，让建设单位满意放心。

（2）全能配套原则　项目经理应会管理、善经营、懂技术，具有较强的适应能力与应变能力和开拓进取精神。项目组织机构的成员要有施工经验、创造精神、工作效率高，做到既合理分工又密切协作。人员配置应满足施工项目管理的需要。

（3）精干高效原则　项目组织机构应尽量压缩管理层次，因事设职，因职选人，做到管理人员精干、一职多能、人尽其才、恪尽职守，以适应市场变化要求。避免松散、重叠、人浮于事。

（4）管理跨度原则　管理跨度过大，会造成鞭长莫及，心有余而力不足；管理跨度过小，人员增多，则造成资源浪费。因此，项目组织机构各层面的设置是否合理，要看确定的管理跨度是否科学，也就是应使每一个管理层面都保持适当工作幅度，以使其各层面管理人员在职责范围内实施有效的控制。

（5）系统化管理原则　建设项目是由许多子系统组成的有机整体，系统内部存在大量的"结合"部，项目组织机构各层次的管理职能的设计应形成一个相互制约、相互联系的完整体系。

2. 项目组织机构的设立步骤

1）根据施工单位批准的"施工项目管理规划大纲",确定项目组织机构的管理任务和组织形式。
2）确定项目组织机构的层次,设立职能部门与工作岗位。
3）确定项目组织机构的人员、拟定工作职责、权限。
4）由项目经理根据"项目管理目标责任书"进行目标分解。
5）组织有关人员制定规章制度和目标责任考核、奖惩制度。

3. 项目组织机构组织形式的确定

项目组织机构的组织形式应根据施工项目的规模、结构复杂程度、专业特点、人员素质和地域范围确定,并应符合下列规定:
1）大中型项目宜按矩阵式项目管理组织设置项目组织机构。
2）远离企业管理层的大中型项目宜按事业部式项目管理组织设置项目组织机构。
3）小型项目宜按直线职能式项目管理组织设置项目组织机构。

（二）组织精干的施工队伍

1. 组织施工队伍

组织施工队伍时,应认真考虑专业工程的合理配合,技工和普工的比例要满足合理的劳动组织要求。按组织施工的方式要求,确定建立混合施工班组或是专业施工班组及其数量。组建施工班组应坚持合理、精干的原则,同时制定出该工程的劳动力需用量计划。

2. 集结施工力量,组织劳动力进场

项目组织机构组建后,按照开工日期和劳动力需用量计划组织劳动力进场。

（三）优化劳动组合与技术培训

针对工程施工要求,强化各工种的技术培训,优化劳动组合,主要抓好以下工作:
1）针对工程施工难点,组织工程技术人员和施工班组中的骨干力量,进行类似工程的考察学习。
2）做好专业工程技术培训,提高对新工艺、新材料使用操作的适应能力。
3）强化质量意识,抓好质量教育,增强质量观念。
4）施工班组实行优化组合、双向选择、动态管理,最大限度地调动职工的积极性。
5）认真全面地进行施工组织设计的落实和技术交底工作。

施工组织设计、施工计划和技术交底的目的是把施工项目的设计内容、施工计划和施工技术等要求,详尽地向施工班组和工人讲解交代。这是落实计划和技术责任制的好办法。

施工组织设计、施工计划和技术交底的时间应在单位工程或分部（项）工程开工前及时进行,以保证严格按照施工图、施工组织设计、安全操作规程和施工验收规范等要求进行施工。

施工组织设计、施工计划和技术交底的内容有:施工进度计划、月（旬）作业计划、施工组织设计、施工工艺、质量标准、安全技术措施、降低成本措施和施工验收规范的要求;新结构、新材料、新技术和新工艺的实施方案和保证措施;图纸会审中所确定的有关部位的设计变更和技术核定等事项。

交底工作应该按照管理系统逐级进行，由上而下直到施工班组。同时交底人和被交底人均应在交底文件上签字确认，形成书面记录。

交底人在进行交底时，要组织被交底人员进行认真的分析研究，弄清关键部位、质量标准、安全措施和操作要领。必要时应该进行示范，并明确任务，做好分工协作。同时建立健全岗位责任制和保证措施。

（四）建立健全各项管理制度

施工现场的各项管理制度是否建立健全，直接影响其各项施工活动的顺利进行。有章不循，其后果是严重的，而无章可循更是危险，为此必须建立健全工地的各项管理制度。

管理制度的主要内容包括：项目管理人员岗位责任制度，项目技术管理制度，项目质量管理制度，项目安全管理制度，项目计划、统计与进度管理制度，项目成本核算制度，项目材料与机械设备管理制度，项目现场管理制度，项目分配与奖励制度，项目例会及施工日志制度，项目分包及劳务管理制度，项目组织协调制度，项目信息管理制度。

项目组织机构自行制定的规章制度与施工单位现行的有关规定不一致时，应报送施工单位或其授权的职能部门批准。

（五）做好分包安排

对于本施工单位难以承担的一些专业项目，如深基础开挖和支护、大型结构安装或设备安装等项目，应及早做好分包或劳务安排，加强与有关单位的沟通与协调，签订分包合同或劳务合同，以保证按计划组织施工。

（六）组织好科研攻关

凡工程施工中采用带有试验性质的一些新材料、新产品、新工艺项目，应在建设单位、主管部门的参与下，组织有关设计、科研、教学等单位共同进行科研工作，并明确相互承担的试验项目、工作步骤、时间要求、经费来源和职责分工。所有科研项目，必须经过国家有关部门的技术鉴定后，方可用于施工生产活动。

二、施工物资准备

施工物资准备是指施工中必须有的劳动手段（施工机械、工具）和劳动对象（材料、配件、构件）等的准备。

工程施工所需的材料、构（配）件、机具和设备品种多且数量大，能否保证按计划供应，对整个施工工程的工期、质量和成本有着举足轻重的作用。各种施工物资只有运到现场并有必要的储备后，才具备必要的开工条件。因此，要将这项工作作为施工准备工作的一个重要方面来抓。

施工管理人员应尽早地计算出各阶段对材料、机械、设备、工具等的需用量，并说明供应单位、交货地点、运输方式等，特别是对预制构件，必须尽早地从施工图中摘录出构件的规格、质量、品种和数量，制表造册，向预制加工厂订货并确定分批交货清单、交货地点及时间，对大型施工机械、辅助机械及设备要精确计算工作日，并确定进场时间，做到进场后立即使用，用毕后立即退场，提高机械利用率，节省机械台班费及停留费。

物资准备的具体内容有材料准备、构（配）件及设备加工订货准备、施工机具准备、生产工艺设备准备、运输设备和施工物资价格管理等。

（一）材料准备

1）根据施工方案、施工进度计划和施工预算中的工料分析，编制工程所需材料的需用量计划，作为备料、供料和确定仓库、堆场面积及组织运输的依据。

2）根据材料需用量计划，做好材料的申请、订货和采购工作，使计划得到落实。

3）组织材料按计划进场，按施工平面图和相应位置堆放，并做好合理储备、保管工作。

4）严格进场验收制度，加强检查、核对材料的数量和规格，做好材料试验和检验工作，保证施工质量。

（二）构配件及设备加工订货准备

1）根据施工进度计划及施工预算所提供的各种构配件及设备数量，做好翻样加工工作，并编制相应的需用量计划。

2）根据各种构配件及设备的需用量计划，向有关厂家提出加工订货计划要求，并签订订货合同。

3）组织构配件和设备按计划进场，按施工平面布置图做好存放及保管工作。

（三）施工机具准备

1）各种土方机械，混凝土、砂浆搅拌设备，垂直及水平运输机械，钢筋加工设备、木工机械、焊接设备、打夯机、排水设备等，应根据施工方案，明确施工机具配备的要求、数量以及施工进度安排，并编制施工机具需用量计划。

2）拟由本施工单位内部负责解决的施工机具，应根据需用量计划组织落实，确保按期供应进场。

3）对施工单位缺少且施工又必需的施工机具，应与有关单位签订订购或租赁合同，以满足施工需要。

4）对于大型施工机械（如塔式起重机、挖土机、桩基设备等）的需用量和时间，应加强与有关方面（如专业分包单位）的联系，以便及时提出要求，落实后签订有关分包合同，并为大型机械按期进场做好现场有关准备工作。

5）安装、调试施工机具。按照施工机具需用量计划，组织施工机具进场，根据施工总平面图将施工机具安置在规定的地方或仓库。对于施工机具要进行就位、搭棚、接电源、保养、调试工作。对所有施工机具都必须在使用前进行检查和试运转。

（四）生产工艺设备准备

订购生产用的生产工艺设备，要注意交货时间与土建进度密切配合。因为某些庞大设备的安装往往需要与土建施工穿插进行，如果土建全部完成或封顶后，设备安装将面临极大困难，故各种设备的交货时间要与安装时间密切配合，它将直接影响建设工期。

准备时应按照施工项目工艺流程及工艺设备的布置图，提出工艺设备的名称、型号、生产能力和需用量，确定分期分批进场时间和保管方式，编制工艺设备需用量计划，为组织运输、确定堆场面积提供依据。

（五）运输准备

1）根据上述四项需用量计划，编制运输需用量计划，并组织落实运输工具。
2）按照上述四项需用量计划，明确的进场日期，联系和调配所需运输工具，确保材料、构（配）件和机具设备按期进场。

（六）强化施工物资价格管理

1）建立市场信息制度，定期收集、披露市场物资价格信息，提高透明度。
2）在市场价格信息指导下"货比三家"，选优进货；对大宗物资的采购要采取招标采购方式。在保证物资质量和工程质量的前提下，降低成本、提高效益。

单元五　施工现场准备

施工现场准备是工程项目顺利开工的必要条件，工程施工的现场准备在企业的建筑管理中占有重要地位。其质量和水平直接影响着整个工程项目，因此做好施工现场准备对施工工程项目有着重要意义。

一、施工现场准备工作的范围

施工现场准备工作由两方面组成，一是建设单位应完成的施工现场准备工作；二是施工单位应完成的施工现场准备工作。二者就绪时，施工现场就具备了施工条件。

建设单位应按合同条款中约定的内容和时间完成相应的现场准备工作，也可以委托施工单位完成，但双方应在合同专用条款内进行约定，其费用由建设单位承担。

施工单位应按合同条款中约定的内容和施工组织设计的要求完成施工现场准备工作。

二、现场准备工作的内容

（一）拆除障碍物

施工现场内的一切地上、地下障碍物，都应在开工前拆除。这项工作一般由建设单位完成，但也可委托施工单位完成。如果由施工单位完成这项工作，应事先摸清现场情况，尤其在老城区中，由于原有建筑物和构筑物情况复杂，并且往往资料不全，在拆除前需要采取相应措施，防止发生事故。

拆除房屋等建筑物时，一般应先切断水源、电源，再进行拆除。若采用爆破拆除时，必须经有关部门批准，由专业爆破单位和有资格的专业人员承担。

拆除架空电线（电力、通信）、地下电缆（包括电力、通信）时，应先与电力、通信部门联系并办理有关手续后方可进行。

拆除自来水、污水、燃气、热力等管线时，应先与有关部门取得联系，办好手续后由专业公司完成。

场地内若有树木时，应报园林部门批准后方可砍伐。

拆除障碍物留下的渣土等杂物应清除出场。运输时应遵守交通、环保部门的有关规定，运土车辆应按指定路线和时间行驶,并采取封闭运输车或在渣土上直接洒水等措施,以免渣土飞扬而污染环境。

(二)建立现场测量控制网

由于施工工期长,现场情况变化大,因此,保证控制网点的稳定、正确是确保施工质量的先决条件。特别是在城区施工现场,由于障碍多,通视条件差,给测量工作带来一定难度。进行现场控制网点的测量时应根据建设单位提供的、规划部门给定的永久性坐标和高程,按建筑总图的要求,妥善设立现场永久性标桩,为施工全过程的投测创造条件。

控制网一般采用方格网,网点的位置应视工程范围大小和控制精度而定。建筑方格网多由100~200cm的正方形或矩形组成,如土方工程需要,还应测绘地形图,通常这项工作由专业测量队完成,但施工单位还需根据施工具体做一些加密网点等补充工作。

测量放线时,应校验和校正经纬仪、水准仪、钢尺等测量仪器;校核结线桩与水准点,制定切实可行的测量方案,包括平面控制、标高控制、沉降观测和竣工测量等工作。

建筑物定位放线,一般通过施工图中的平面控制轴线确定建筑物位置,测定并经自检合格后提交有关部门和建设单位或监理人员验线,以保证定位的准确性。沿红线的建筑物放线后,还要由城市规划部门验线以防止建筑物压红线或超红线,为正常顺利地施工创造条件。

(三)"七通一平"

"七通一平"指在施工现场范围内,接通施工给水、排水、电力、通讯、道路、燃气、热力和平整场地的工作,使之满足施工需要。在施工现场,最基本的要求是"三通一平"。

(1)路通 施工现场的道路是组织物资进场的动脉,拟建工程开工前,必须按照施工总平面图要求,修建必要的临时道路。为了节约临时工程费用,缩短施工准备工作时间,应尽量利用原有道路设施或拟建永久性道路,形成畅通的运输网络,使现场施工道路的布置确保运输和消防用车等的行驶畅通。临时道路的等级,可根据交通流量和运输车辆确定。

(2)水通 施工用水包括生产、生活与消防用水,应按施工总平面图的规划进行安排。施工给水尽可能与永久性的给水系统结合起来。临时管线的铺设,既要满足施工用水的需要又要施工方便,并且尽量缩短管线的长度,以降低铺设的成本。

(3)电通 电是施工现场的主要动力来源,施工现场用电包括施工动力用电和照明用电。由于施工供电面积大、起动电流大、负荷变化多和手持式用电机具多,施工现场临时用电要考虑安全和节能要求。开工前应按照施工组织设计要求,接通电力和电信设施,应首先考虑从建设单位给定的电源上获得,如供电能力不足,则应考虑在现场建立自备发电系统,确保施工现场动力设备和通信设备的正常运行。

(4)平整场地 清除障碍物后,即可进行场地平整工作。按照建筑总平面图、施工总平面图、勘测地形图和场地平整施工方案等技术文件的要求,通过测量,计算出填挖土方工程量,设计土方调配方案,确定平整场地的施工方案,组织人力和机械进行场地平整。应尽量做到挖、填方量趋于平衡,总运输量最小,便于机械施工和充分利用建筑物挖方填土,并应防止利用地表土、软弱土层、草皮、建筑垃圾等做填方。

(四)搭设临时设施

现场生活和生产用的临时设施,应按照施工平面布置图的要求进行,临时建筑平面图及主要房屋结构图都应报请城市规划、市政、消防、交通、环境保护等有关部门审查批准。

为了保证行人安全及文明施工，同时便于施工，应用围墙（围挡）将施工用地围护起来，围墙（围挡）的形式、材料和高度应符合市容管理的有关规定和要求，并在主要出入口设置标牌挂图，标明工程项目名称、施工单位、项目负责人等。

所有生产及生活用临时设施，包括各种仓库、搅拌站、加工作业棚、宿舍、办公用房、食堂、文化生活设施等，均应按批准的施工组织设计搭设，并尽量利用施工现场或附近原有设施（包括要拆迁但可暂时利用的建筑物）和在建工程本身供施工使用，尽可能减少临时设施的数量，以便节省投资与用地，减少资源消耗。

单元六　季节性施工准备

由于建筑产品与建筑市场的特点，建筑工程施工绝大部分工作是露天作业，受气候影响比较多，因此，在冬期、雨期等季节性施工中，必须从具体条件出发，正确选择施工方法，合理安排施工项目，采取必要的防护措施，做好季节性施工准备工作，以保证按期、保质、安全地完成施工任务，取得较好的技术经济效果。

季节性施工准备工作的主要内容有冬期施工准备、雨期施工准备及夏季施工准备。

一、冬期施工准备

（一）应采取的组织措施

1）合理安排冬期施工项目。冬期施工条件差，技术要求高，费用增加，因此要合理安排施工进度计划，尽量安排保证施工质量且费用增加不多的项目在冬期施工，如吊装、打桩、室内装饰装修等工程；而费用增加较多又不容易保证质量的项目则不宜安排在冬期施工，如土方、基础、外装修、屋面防水等工程。

2）编制冬期施工方案。进行冬期施工的施工活动，在入冬前应组织专人编制冬期施工方案。可依据《建筑工程冬期施工规程》（JGJ/T104—2011）并结合工程实际情况及施工经验等进行编制。

冬期施工方案的编制原则是：确保工程质量；经济合理，使增加的费用为最少；所需的热源和材料有可靠的来源，并尽量减少能源消耗；确实能缩短工期。冬期施工方案应包括：施工程序，施工方法，现场布置，设备、材料、能源、工具的供应计划，安全防火措施，测温制度和质量检查制度等。

冬期施工方案编制完成并审批后，项目经理部应组织有关人员学习，并向队组进行交底。

3）组织人员培训。进入冬期施工前，对掺外加剂人员、测温保温人员、锅炉司炉工和火炉管理人员，应专门组织技术业务培训，学习本工作范围内的有关知识，明确职责，经考试合格后，方准上岗工作。

4）经常与当地气象台站保持联系，及时接收天气预报，防止寒流突然袭击。

5）安排专人测量冬期施工期间的室外气温、暖棚内气温、砂浆温度、混凝土的温度，做好记录。

(二)施工图的准备

凡进行冬期施工的施工活动,必须复核施工图,核对其是否能适应冬期施工要求。

(三)施工现场条件的准备

1)根据实物工程量,提前组织有关机具、外加剂和保温材料、测温材料进场。

2)搭建加热用的锅炉房、搅拌站、敷设管道,对锅炉进行试火试旺,对各种加热的材料、设备要检查其安全可靠性。

3)计算变压器容量,接通电源。

4)对工地的临时给水排水管道及白灰膏等材料做好保温防冻工作。防止道路积水成冰,及时清扫积雪,保证运输道路畅通。

5)做好冬期施工的混凝土、砂浆及外加剂的试配试验工作,提出施工配合比。

6)做好室内施工项目的保温,如先完成供热系统安装好门窗玻璃等,以保证室内其他项目能顺利施工。

(四)安全与防火工作

1)冬期施工时,应针对路面、坡面以及露天工作面采取防滑措施。

2)天降大雪后,必须将架子上的积雪清扫干净,并检查马道平台,如有松动下沉现象,务必及时处理。

3)施工时如接触蒸汽源、热水,要防止烫伤;使用氯化钙、漂白粉时,要防止腐蚀皮肤。

4)施工中使用有毒化学品,如亚硝酸钠,要严加保管,防止突发性误食中毒。

5)对现场火源要加强管理;使用燃气时,要防止爆炸;使用焦炭炉、煤炉或燃气时,应注意通风换气,防止煤气中毒。

6)电源开关、控制箱等设施要加锁,并设专人负责管理,防止漏电、触电。

二、雨期施工准备

(一)合理安排雨期施工项目

为避免雨期窝工造成的工期损失,一般情况下,在雨期到来之前,应多安排完成基础、地下工程、土方工程、室外及屋面工程等不宜在雨期施工的项目,多安排室内工作在雨期施工。

(二)加强施工管理,做好雨期施工的安全教育

要认真编制雨期施工技术措施,如雨期前后的沉降观测措施,保证防水层雨期施工质量的措施,保证混凝土配合比、浇筑质量的措施,钢筋除锈的措施等;认真组织贯彻实施,并加强对职工的安全教育,防止各种事故发生。

(三)防洪排涝,做好现场排水工作

工程地点若在河流附近,上游有大面积山地丘陵,应有防洪排涝准备。施工现场雨期来临前,应做好排水沟渠的开挖,准备好抽水设备,防止场地积水和地沟、基槽、地下室等浸水,对工程施工造成损失。

（四）做好道路维护，保证运输畅通

雨期前检查道路边坡排水，适当提高路面，防止路面凹陷，保证运输畅通。

（五）做好现场物资的储存与保管

雨期到来前，应多储存物资，减少雨期运输量，以节约费用。要准备必要的防雨器材，库房四周要有排水沟渠，防止物资淋雨浸水而变质，仓库要做好地面防潮和屋面防漏工作。

（六）做好机具设备等防护

雨期施工对现场的各种设施、机具要加强检查，特别是脚手架、垂直运输设施等，要采取防倒塌、防雷击、防漏电等一系列技术措施，现场机具设备（焊机、闸箱等）要有防雨措施。

三、夏季施工准备

（一）编制夏季施工项目的施工方案

夏季施工条件差，气温高、干燥，针对夏季施工的这一特点，对于安排在夏季施工的项目，应编制夏季施工的施工方案及采取的技术措施。如对于大体积混凝土在夏季施工，必须合理选择浇筑时间，做好测温和养护工作，以保证大体积混凝土的施工质量。

（二）现场防雷装置的准备

夏季经常有雷雨，工地现场应有防雷装置，特别是高层建筑和脚手架等要按规定设临时避雷装置，并确保工地现场用电设备的安全运行。

（三）施工人员防暑降温工作的准备

夏季施工，还必须做好施工人员的防暑降温工作，调整作息时间，从事高温工作的场所及通风不良的地方应加强通风和降温措施，做到安全施工。

小　结

1. 施工准备工作是为了保证工程顺利开工和施工活动正常进行而必须事先做好的各项准备工作。它是施工程序中的重要环节。做好施工项目的施工准备工作，对于发挥企业优势、合理配置资源、加速施工速度、提高工程质量、降低工程成本、保证工程合同履约和增加企业经济效益，都有极为重要作用。应从施工技术、施工现场、施工物资准备和劳动力组织等方面进行精心筹划运作，为优质、快速、低耗和安全地完成工程项目打下坚实的基础。

2. 施工准备工作的内容应视工程本身及其具备的条件而定。施工准备工作的主要内容一般可以归纳为以下几个方面：原始资料的调查研究、施工技术资料准备、资源准备、施工现场准备、季节施工准备。

3. 原始资料的调查研究是施工准备工作的一项重要内容，也是编制施工组织设计的重要依据，包括项目特征与要求、交通运输条件的调查、机械设备与建筑材料的调查、水、电、气供应条件的调查等。

4. 施工技术资料准备是施工准备工作的核心，主要内容包括熟悉和会审施工图、编制施工组织设计、编制施工图预算和施工预算等。

5. 施工现场准备即通常所说的室外准备（外业准备），主要内容有拆除障碍物、建立现场测量控制网、七通一平、搭设临时设施等。

6. 资源准备指的是施工所需的各项物资与人员的准备，包括劳动力组织准备和施工机具设备、建筑材料、构配件、成品等物资准备。

7. 由于建筑产品与建筑施工的特点，建筑工程施工受气候影响较大，在特殊的气候与季节必须做好相应的准备工作。季节性施工准备工作的主要内容有冬期施工准备、雨期施工准备及夏季施工准备。

能力训练

一、单项选择题

1. 以一个建筑物或构筑物为对象而进行的各项施工准备是（　　）。
   A．施工总准备　　　　　　　　B．单位工程施工条件准备
   C．分部工程作业条件准备　　　D．分项工程作业条件准备
2. 下列（　　）单位不参加图纸会审。
   A．建设单位　　　　　　　　　B．设计单位
   C．施工单位　　　　　　　　　D．质量监督站
3. 项目开工报告，应由（　　）签发。
   A．项目经理　　　　　　　　　B．总监理工程师
   C．专业监理工程师　　　　　　D．施工企业技术负责人

二、多项选择题

1. "三通一平"是指（　　）。
   A．水通　　B．电通　　C．道路通　　D．平整场地
   E．道路平整
2. 原始资料的调查研究包括（　　）。
   A．项目特征与要求的调查　　　B．交通运输条件的调查
   C．机械设备与建筑材料的调查　D．建设地区自然条件的调查
   E．建设单位对于项目建设资金的调查
3. 图纸会审应填写图纸会审记录，由（　　）共同签字、盖章，作为指导施工和工程结算的依据。
   A．建设单位　　B．设计单位　　C．施工单位　　D．监理单位
   E．质量监督站

三、简答题

1. 试述施工准备工作的重要性。
2. 施工现场准备包括哪些内容？
3. 项目组织机构的设置原则有哪些？

实训项目

编制开工报告和图纸会审记录

一、实训目的

熟悉施工准备工作的内容，掌握图纸会审记录编制方法。

二、环境要求

1．选择一个小型建筑工程在建工程项目或较为完善的校内实训基地。
2．施工图齐全。
3．施工条件已经具备或已经开工。

三、步骤提示

1．熟悉工程基本情况。
2．现场技术人员介绍施工准备工作情况。
3．参观现场。
4．分组讨论并编制图纸会审记录。

四、注意事项

1．注意现场安全。
2．学生进场前应了解工程情况。

五、讨论与训练题

1．讨论1：本工程有哪些特点？
2．讨论2：本项目施工准备工作的重点是什么？

案例分析

某建设工程由甲建设单位负责投资开发，乙施工单位负责施工。合同约定5月15日开工，乙施工单位按合同约定组建项目部，并完成了现场"七通一平"工作。由于施工场地狭小现场无法布置完整的临时设施，施工单位向建设单位反馈，建设单位要求乙施工单位自行解决临时设施的场地。建设单位组织设计单位和施工单位进行图纸会审，会审内容以会审纪要的形式进行记录，三方在会审纪要上进行了签认，乙施工单位以此作为后期施工和结算的依据。项目部技术负责人编制了施工组织设计和各主要分部分项工程的施工方案，并直接报送给监理进行审批。

问题1：什么是"七通一平"？
问题2：建设单位要求施工单位自行解决临时设施场地的做法是否正确？为什么？
问题3：图纸会审程序及做法是否正确？如不正确，请说明理由。
问题4：由项目部技术负责人编制施工组织设计和各主要分部分项工程的施工方案，并直接报送给监理进行审批的做法是否正确？如不正确，请说明原因。

模块三

工程概况及施工方案选择

学习目标

- 熟悉工程概况的编写内容、施工的特点。
- 掌握施工顺序的确定、施工方法的选择。
- 了解绿色施工的概念。
- 掌握绿色施工方案的措施。

建议学时

- 4～6学时

引导案例

盛世大厦概况

盛世大厦是由虎跃有限公司投资，龙腾建设集团承建的高级公寓办公写字楼。位于我市中山西路，总建筑面积31209m^2，建筑高度104.67m。该建筑地上24层，地下2层。结构类型为钢筋混凝土框架剪力墙结构，箱形基础形式。

【引入问题】

1. 由盛世大厦的基本建设情况你能想到几点？
2. 如果让你来考虑绿色施工方案，你会从哪几个方面来考虑？

单元一　工程概况及施工特点分析

一、工程概况的内容

工程概况既是对工程一般状况的描述，尽管不同层次的施工组织设计文件描述的内容不尽相同，侧重点也不同，但均要求准确。工程概况是对拟建工程的特点、施工环境及施工条件等所做的简洁明了的文字描述。在描述中也可以加入拟建工程的平面图、剖面图及表格进行必要的补充说明。通过对建筑结构特点、建设地点特征、施工条件的描述，能找到施工中的关键问题，以便为选择施工方案、组织物资供应和配备技术力量提供依据。工程概况包括工程建设概况、工程建设地点特征、各专业设计概况、工程施工条件等。

（一）工程建设概况

1）工程名称、性质、用途、资金来源与造价、开工竣工日期和质量标准。
2）工程的建设、勘察、设计、监理和总承包等相关单位的情况。

3）工程承包范围和分包工程范围。
4）施工合同、招标文件或总承包单位对工程施工的重点要求。
5）其他应说明的情况。

（二）工程建设地点特征

主要介绍拟建工程的地理位置、地形、地貌、地质、水文、气温、冬雨期时间、主导风向、风力和抗震设防烈度等内容。

（三）各专业设计概况

1. 建筑专业设计简介

建筑专业设计简介应依据建设单位提供的建筑设计文件进行描述，包括建筑面积、层数、层高、总高度、平面尺寸，建筑平面组合形式与特点，建筑功能，建筑耐火等级，建筑防水及节能要求等，并应简单描述工程的主要装修做法。

2. 结构专业设计简介

结构专业设计简介应依据建设单位提供的结构设计文件进行描述，包括结构形式、地基基础形式、结构安全等级、抗震设防类别、主要结构构件类型及要求、主要结构使用材料的要求等。

3. 机电及设备安装专业设计简介

机电及设备安装专业设计简介应依据建设单位提供的各相关专业设计文件进行描述，包括给水排水、供暖、通风与空调、电气、智能化、电梯等各个专业系统的做法要求及特点。

（四）工程施工条件

1. 项目施工区域地形及周边环境

在单位工程施工组织中，应简要介绍和分析施工现场的"七通一平"情况，拟建工程的位置、地形、地貌、拆迁、障碍物清除及地下水位等情况，项目施工区域地上、地下管线及相邻的地上、地下建（构）筑物情况以及施工场地周边的人文环境等，项目施工有关的道路、河流等状况。不了解或未分析清楚这些情况，会影响施工组织与管理，影响施工方案的制订。

2. 项目建设地点气象状况

应对施工项目所在地的气象状况做全面的描述与分析，如当地最低、最高气温及时间、冬雨期施工的起止时间和主导风向、风力等描述与分析，这些因素应调查清楚，纳入到施工组织设计的内容中，为制订施工方案与措施提供资料。

3. 工程水文地质状况

工程项目施工区域的土层分布情况、地质资料技术参数、地下水位情况、水质情况、水流方向与地下水源情况等。

4. 其他资源条件与分析

包括工程所在地的建筑材料、劳动力、机械设备、半成品等供应及价格情况；交通及运输服务能力状况；市政设施配套情况；当地供电、供水、供暖和通信能力状况；业主可提供的临时设施、协作条件等。这些资源条件直接影响到项目的施工。

二、施工特点分析

进行施工特点分析可以明确工程施工的重点所在，以便抓住关键，使工程施工顺利进行，提高施工单位的经济效益和管理水平。不同类型的建筑、不同条件下的工程施工，均有不同的施工特点。如带有地下室的现浇钢筋混凝土高层建筑的施工特点主要有：地下结构施工难度大，涉及深基坑边坡稳定、基坑降水、基坑周边环境保护、地下室底板大体积混凝土施工、地下防水施工等；上部结构和施工机具设备的稳定性要求高，钢材加工量大，混凝土浇筑难度大，脚手架搭设高，安全问题突出；材料运输量大，要有高效率的垂直运输。

单元二　施　工　方　案

施工方案的选择是施工组织设计中的重要环节，是决定整个工程施工的关键。施工方案选择的恰当与否，将直接影响到工程的施工效率、进度安排、施工质量、施工安全、工期长短。因此，必须在若干个初步方案的基础上进行认真分析比较，力求选择出一个最经济、最合理的施工方案。

在选择施工方案时应着重研究以下三个方面的内容：确定各分部分项工程的施工顺序；确定主要分部分项工程的施工方法和选择使用的施工机械。

一、施工顺序

施工顺序是指单位工程中分部工程或各专项工程的先后顺序及其制约关系，它体现了施工步骤的规律性。在组织施工中，应根据不同阶段，不同的工作内容，按其固有的、不可违背的先后次序展开。这对保证工程质量与工期，提高生产效益均有很大的作用。

在实际工程施工中，施工顺序可以有多种。不仅不同类型建筑物的建造过程有着不同的施工顺序，而且在同一类型的建筑工程施工中，甚至同一幢房屋的施工，也会有不同的施工顺序。因此，必须在众多的施工顺序中，选择出既符合客观规律，又经济合理的施工顺序。通常，工程的特点、施工条件、使用要求等对施工顺序会产生较大的影响。

（一）确定施工顺序应遵循的基本原则

（1）先地下，后地上　指的是在地上工程开始之前，把管道、管线等地下设施、土方工程和基础工程全部完成或基本完成。坚固耐用的建筑需要有一个坚实的基础，从工艺的角度考虑，也必须先地下后地上，地下工程施工时应做到先深后浅，这样可以避免对地上部分施工产生干扰，从而带来施工不便，造成浪费，影响工程质量。

（2）先主体，后围护　指的是框架结构建筑和装配式单层工业厂房施工中，先进行主体结构施工，后完成围护工程；同时，框架主体结构与围护工程在总的施工顺序上要合理搭接。一般来说，多层建筑以少搭接为宜；高层建筑则应尽量搭接施工，以缩短施工工期；装配式单层工业厂房主体结构与围护工程一般不搭接。

（3）先结构，后装修　指的是先进行主体结构施工，后进行装饰工程的施工。对一般情况而言，有时为了缩短施工工期，也可以有部分合理的搭接。

（4）先土建，后设备　指的是不论是民用建筑还是工业建筑，一般来说，土建施工应先于水、暖、电等建筑设备的施工。但它们之间更多的是穿插配合关系，尤其在装修阶段，要从保证施工质量、降低成本的角度，处理好相互之间的关系。

由于影响工程施工的因素是非常多的，所以施工顺序也不是一成不变的。在特殊情况下，如在冬期施工之前，应尽可能完成土建和围护工程，以利于施工中的防寒和室内作业的开展，从而达到改善工人的劳动环境、缩短工期的目的。又如，在高层建筑施工时，可使地下与地上部分同时进行施工（逆作法）。

随着我国施工技术的发展、企业施工水平的提高，以上原则也在进一步完善之中。

（二）确定施工顺序的基本要求

1．确定施工过程（分项工程）的名称

任何一个建筑物的建造过程都是由许多工艺过程组成的，而每一个工艺过程只完成建筑的某一部分或某一种结构构件。在编制施工组织设计时，则需对工艺过程进行安排。

对于劳动量大的工艺过程，可确定为一个施工过程（分项工程）；对于那些不重要的、量小的工艺过程，则可合并为一个施工过程。例如，钢筋混凝土地圈梁，按工艺过程可分为支模板、绑扎钢筋、浇筑混凝土，考虑到这三个工艺过程工程量小，则可合并为一个钢筋混凝土圈梁的施工过程（由一个混合工程队进行施工）。

1）施工过程项目划分的粗细程度要适宜，应根据进度计划的需要来决定。对于控制性施工进度计划，项目的划分可粗一些，通常划分成分部工程即可，如划分成施工前期准备工作、基础工程、主体工程、屋面工程及装饰工程等；对于指导性施工进度计划，项目的划分尽可能细一些，特别是对主导施工过程和主要分部工程，则要求更具体详细，这样便于控制进度，指导施工，如主体现浇钢筋混凝土工程可分为支模板、绑扎钢筋、浇筑混凝土等施工过程。

2）施工过程的确定也要结合具体施工方法来进行。例如：结构吊装时，如果采用分件吊装法时，施工过程则应按构件类型进行划分，如吊柱、吊梁、吊板；采用综合吊装法时，施工过程则应按单元或节间进行划分。

3）凡是在同一时期内由同一工作队进行的施工过程可以合并在一起，否则应当分开列项。

2．符合施工工艺的要求

建筑物在建造过程中，各分部分项工程之间存在着一定的工艺顺序关系，它随着建筑物结构和构造的不同而变化，应在分析建筑物各分部分项工程之间的工艺关系的基础上确定施工顺序。例如：基础工程未做完，其上部结构就不能进行，垫层需在土方开挖后才能施工；采用砌体结构时，下层的墙体砌筑完成后方能施工上层楼面；但在框架结构工程中，墙体作为围护结构或隔断，则可安排在框架施工全部或部分完成后进行。

3．与施工方法协调一致

例如：在装配式单层工业厂房施工中，如采用分件吊装法，则施工顺序是先吊装柱、再吊装梁、最后吊装各个节间的屋架及屋面板等；如采用综合吊装法，则施工顺序为一个节间全部构件吊装完成后，再依次吊装下一个节间，直至构件吊装完。

4. 考虑施工组织的要求

施工过程的先后顺序与施工组织要求有关。例如：有地下室的高层建筑，其地下室地面工程既可以安排在地下室顶板施工前进行，也可以安排在地下室顶板施工后进行。从施工组织方面考虑，前者施工较方便，上部空间宽敞，可以利用吊装机械直接将地面施工用的材料运送到地下室；而后者，地面材料运输和施工就比较困难。

5. 考虑施工质量的要求

在安排施工顺序时，要以保证和提高工程质量为前提，影响工程质量时，要重新安排施工顺序或采取必要的技术措施。例如：水磨石地面，只能在上一层水磨石地面完成之后才能进行下一层的顶棚抹灰工程；又如屋面防水层施工，必须等找平层干燥后才能进行，否则将影响防水工程的质量，特别是柔性防水层的施工。

6. 考虑当地的气候条件

气候的不同会影响到施工过程的先后顺序。例如在华东和南方地区，应首先考虑到雨期施工的特点，而在华北、西北、东北地区，则应多考虑冬期施工的特点。土方、砌墙、屋面等工程应尽可能地安排在雨期到来之前施工，而室内工程则可适当推后。这样有利于改善工人的劳动环境，保证工程质量。

7. 考虑安全施工的要求

合理的施工过程的先后顺序，必须使各施工过程不引起安全事故。在立体交叉、平行搭接施工时，一定要注意安全问题。例如：在主体结构施工时，水、暖、电的安装与构件、模板、钢筋等的吊装和安装不能在同一个工作面上，必要时采取一定的安全保护措施。

二、施工方法和施工机械的选择

正确选择施工方法和施工机械是制定施工方案的关键。目前，建筑施工方案和施工机械种类较多，完成一个施工项目的选择余地也较大。选择施工方法和施工机械应从先进、经济、合理的角度出发，以达到提高工程质量、降低生产成本、提高劳动效率和加快工程进度的效果。

（一）选择施工方法和施工机械的基本要求

1. 以主要分部分项工程要求为主

主要分部分项工程是指工程量大、所需时间长、工期占比大的工程；施工技术复杂或采用新技术、新工艺、新结构、新材料的工程；对工程质量起关键作用的工程。对于主要工程，应着重考虑其施工方法的合理性并选择合适的施工机械。

2. 符合总设计的要求

对于整个建设项目中的一个项目，其施工方法和施工机械的选择应符合施工总设计中的有关要求。

3. 满足施工技术的要求

施工方法和施工机械的选择，必须满足施工技术的要求，针对所采用的施工方法来确定合适的机械设备和装置。

4．提高工厂化、机械化程度

对于大量同类性建筑，应尽可能考虑实现工厂化和机械化施工，这样可以提高建筑施工速度、提高工程质量、降低工程成本、提高劳动生产率。要提高工厂化和机械化程度，需要在建筑产品的模数设置以及机械设备的配套生产上投入较大的精力。

5．满足先进、合理、可行、经济的要求

选择施工方法和施工机械，除了要求先进、合理之外，还应考虑对施工单位是否是可行的、经济的。对于重大工程和复杂工程，必要时要进行分项对比，从实际情况出发，选择先进、合理、可行、经济的施工方法和施工机械。

6．满足工期、质量、安全要求

所选择的施工方法和施工机械应满足缩短工期、提高工程质量、降低工程成本、确保施工安全的要求。

（二）主要分部分项工程的施工方法和施工机械的选择

主要分部分项工程有土石方工程、基础工程、混凝土和钢筋混凝土工程、砌体工程、结构安装工程、屋面工程、装饰装修工程、脚手架工程、现场水平垂直运输以及特殊项目工程。

1．土石方工程

土石方工程应根据场地范围、地形以及工程量的大小，确定采用人工或机械挖土。采用人工挖土时，应根据工期进度的需要合理确定劳动力数量及配合的装运土劳动力数量。采用机械挖土时，应选择合适的挖土机械（推土机、装载机、挖掘机等），然后确定所需机械的数量、开挖方案等。对于深基坑开挖，应考虑根据土质及现场情况，确定放坡坡度或土壁支撑方式。土方运输应根据运距、土方量选择合适的运输工具。

土方开挖时，现场应设置排水沟或集水井等设施，避免地面水浸泡基坑。土方回填应根据回填面积大小、回填深度、回填土要求等确定压实机械和压实方法。遇到不良地质情况需要进行地基处理时，应根据地质情况由设计单位确定处理方法，并根据处理方法有针对性地选择施工机械。

2．基础工程

基础工程按埋深可分为浅基础和深基础。施工时，注意基坑（桩孔）开挖、设备选择、钢筋混凝土施工工艺及安全施工的要求。

3．混凝土和钢筋混凝土工程

混凝土工程是目前建筑工程施工中应用范围最广的分项工程，其施工步骤主要包含模板工程、钢筋工程和混凝土工程。

（1）模板工程　混凝土模板工程包含模板类型的选择和模板的支设。一般对于梁柱结构，常采用组合钢模板，对于对混凝土表面效果要求较高的建筑，也可采用木模板或竹胶板模板。为加快施工周转，模板应向工具化方向发展，推广"快速脱模"技术，提高模板的周转效率。模板的支设应在可靠的脚手架上进行。

脚手架一般采用钢管扣件式脚手架。为推广脚手架工具式发展，也可采用碗扣式等定

型组装脚手架。脚手架的搭设应牢固可靠，能承受结构自重及相应的施工荷载。模板的拼接应做到尺寸准确、接缝严密不漏浆。

（2）钢筋工程　明确钢筋加工的位置，明确钢筋加工的各种方法、方式（调直、冷拉、冷拔、切断、弯型、焊接），明确钢筋的运输方法和吊装绑扎方法，明确以上工程所需的各种设备的型号及数量。

（3）混凝土工程　混凝土工程需要明确混凝土的制备和浇筑两方面内容。

混凝土的制备应按照设计要求的强度、配合比以及骨料要求进行。应根据当地材料供应情况选用现场制备或集中制备（商品混凝土）。混凝土的浇筑应根据不同的施工条件采取不同的浇筑和振捣方法。

水下混凝土（主要是基础部分）要求用水下浇筑导管进行浇筑，要调整好混凝土的坍落度，不需要采用振捣。梁、柱部分混凝土浇筑一般采用单独浇筑，并按照振捣要求振捣夯实，不得出现漏振。

板混凝土一般采用平板振动器往复行走将混凝土振捣密实。如采用集中制备的商品混凝土，运输过程应根据运距、气温等情况制定相关措施，运输过程中不得出现混凝土初凝。

在每次浇筑之前，混凝土的浇筑顺序、浇筑方法、所需设备应提前确定，并且对浇筑工程中容易出现的问题提前准备好应对措施。对大体积混凝土浇筑，应有可靠的质量保证措施（测温、降低结构内外温差等），如果结构平面尺寸过大，后浇带的位置应事先确定。

4．砌体工程

砌体工程施工应注意的事项有：
1）砌体组砌方法和质量要求，皮数杆的控制要求，施工段和劳动力组合形式等。
2）砌体与钢筋混凝土构造柱、梁、圈梁、楼板、阳台、楼梯等构件的连接要求。
3）配筋砌体的施工要求。
4）砌筑砂浆的配合比计算及原材料要求，拌和和使用时间要求。
5）雨期、冬期砌体施工要求。

5．结构安装工程

1）选择合适的起重机械和数量。根据建筑物外形轮廓尺寸、起重高度、吊装重量等选择合适的起重设备。
2）确定吊装方法，安排吊装顺序、机械位置和行走路线，以及构件拼接方法和场地。
3）大跨度、重量大的构件吊装应制定专门的吊装方案。
4）构件运输、装卸、堆放所需的设备型号、数量、摆放位置应提前确定，场地及行走路线应硬化加固，能够满足运输及吊装设备行走的要求。

6．屋面工程

1）屋面工程各分项工程的材料应保证质量，施工步骤应科学合理。
2）应注意屋盖系统各节点部位及各种密封防水施工。
3）应注意屋面材料的运输吊装及屋面防水完成后的保护。

7．装饰装修工程

1）明确装饰装修工程的进场时间、材料质量、施工顺序及成品保护等具体要求，尽量安排各工种穿插施工以缩短工期。

2）高档次装修应先做局部样板或样板间，征得设计、业主、监理同意后方可全面开展。

3）室内装修、室外装修应分别确定施工顺序、施工步骤及详细施工要求。

4）材料运输、堆放，施工部位的防渗水、防坠落等要有专门安排。

5）对高档装修各分部分项施工的材料质量、施工细节、质量标准应有专门规定。

6）装修施工过程中安全防火要有相关措施和预防预案，并配备相应设备。

8. 脚手架工程

1）明确脚手架搭设所用的材料、数量、规格以及装拆办法和安全措施。

2）建筑外脚手架的搭设应从地面开始有可靠的连接，并应采取措施，防止地面下沉造成的不均匀沉降。高层外脚手架应有详细设计，可采用分段搭设或外爬架，并且与建筑牢固连接，局部设置剪刀撑以保证稳固。

3）大跨度脚手架应有详细设计及安全验算，符合工程施工需要方可开始搭设。

4）脚手架的搭设宜考虑工具式脚手架，其装拆方便，成本低。

9. 现场水平垂直运输

1）明确垂直运输运量、高度、范围，确定合适的运输机械。

2）对运输机械的型号、数量、固定安装、连接、拆除应有详细计划。

3）选择水平运输的方式及设备型号、数量。

4）确定地面及楼面内水平运输的行驶路线。

10. 特殊项目

1）采用新结构、新技术、新工艺、新材料的项目及高耸、大跨、重型构件或水下、软弱地基，冬雨期施工等项目，应编制专门的施工方案。施工方案的内容应包括：施工方法、工艺流程、平立剖面示意图、技术要求、质量安全注意事项、施工进度、劳动组织、材料构件及机械设备需要量等。

2）大型工程（土石方、基础工程、深基坑工程、构件吊装、超大体积混凝土浇筑等）一般均需要提出施工方法和技术组织措施。

单元三　绿色施工方案

一、绿色施工概述

绿色施工作为建筑全寿命周期中的一个重要阶段，是实现建筑领域资源节约和节能减排的关键环节。绿色施工是指工程建设中，在保证质量、安全等基本要求的前提下，通过科学管理和技术进步，最大限度地节约资源并减少对环境负面影响的施工活动，实现节能、节地、节水、节材和环境保护（"四节一环保"）。实施绿色施工，应依据因地制宜的原则，贯彻执行国家、行业和地方相关的技术经济政策。绿色施工应是可持续发展理念在工程施工中全面应用的体现，绿色施工并不仅仅是指在工程施工中实施封闭施工，没有尘土飞扬，没有噪声扰民，在工地四周栽花、种草，实施定时洒水等这些内容，它涉及可持续发展的各个方面，如生态与环境保护、资源与能源利用、社会与经济的发展等内容。

二、绿色施工方案的措施

（一）环境保护措施

施工现场的环境保护包括资源保护、职业健康环境、扬尘控制、废气排放控制、固体废弃物排放控制及有毒有害物品的处理、光污染控制、噪声控制和生活废弃物的控制等。

1. 资源保护

资源保护主要包括两个方面，一是水资源的保护，二是土地资源的保护。

水资源保护主要是保护场地四周原有的地下水形态，在基坑施工中，尽量减少抽取地下水。对于地下水较多的工地，在支护结构外应有止水措施，以有效地控制工地周边地下水的流失，如设置止水帷幕、地下水回灌等。

土地资源保护主要是指防止施工中使用的危险品、化学品污染存放处地面，以及污物排放的过程中污染土地。要加强工人的环保意识，对工人进行有毒、有害物品如何处理的教育，对废弃油罐、废弃机油等采取专门处理。

2. 人员健康

施工现场是一个人员相对集中的地方，尤其是在施工高峰期，人员健康也是工程顺利进行的保障，一般采取以下措施：

1）施工作业区和生活办公区分开设置，生活区设在上风口，并远离有毒有害物质。

2）生活区应达到 $2m^2$/人，夏季室内设风扇，冬季能取暖，并应尽量集中提供热水。

3）从事有毒、有害、有刺激性气味和强光、强噪声施工的人员，应佩戴护目镜、面罩等防护器具，电焊人员应佩戴护目镜。

4）电焊烟气成分因焊接材料不同，非常复杂，有很多是致癌物质，现场不具备测量的条件，主要是通过规定严格的操作规程来控制有毒有害成分对人体的影响；在高空、危险处作业应佩戴安全带；涂装施工时施工人员应有防护措施等。

5）在深井、密闭环境、防水和室内装修施工时，要有自然通风或临时通风设施。

6）在现场危险设备地段、有毒物品存放地设置醒目安全标志，施工时采取有效防毒、防污、防尘、防潮、通风等措施；现场配电箱、塔式起重机等危险设备及油罐、材料堆放等处设安全标志；在安全作业方面定期进行教育，如在安全通道两边挂、贴漫画式安全教育图片等，起到时时警示的作用。

7）厕所、卫生设施、排水沟及阴暗潮湿地带，定期喷洒药水消毒；保证食堂各类器具清洁，个人卫生、操作行为规范。如图3-1所示，现场布设新型箱式房，可实现功能性配置，重复周转，同时提高现场人员工作生活环境的舒适度。

图 3-1　现场布设新型箱式房

3．扬尘控制

扬尘是施工现场主要的环境影响指标，不仅对场地内造成危害，还会对场地外造成不良影响，严重时将引起投诉，损害企业形象。

1）现场可以采取洒水清扫措施，但应尽量不使用自来水，不能因为控制扬尘而造成水资源浪费；易飞扬和细颗粒建筑材料封闭存放，余料要及时回收；在拆除混凝土临时支撑作业时，应采取降尘措施。上海某工程项目地处市中心，对爆破有强制性要求，对支撑的拆除采用了爆破防护棚，很好地控制了扬尘的产生。如图 3-2 所示，现场布设喷雾系统，能有效控制现场扬尘，达到治污减霾的目的。

2）对裸露的土方进行集中堆放，并采取覆盖措施；对裸露地面，可种容易生长的花草；对运送土方、渣土等易产生扬尘的车辆，采取封闭或遮盖措施；在市区内的施工现场进出口设冲洗池和吸湿垫，以保证进出现场车辆的清洁。

3）可以采用管道或垂直运输机械进行高空垃圾清运。如高层建筑对建筑垃圾的处理采用垂直运输的方法。

图 3-2　现场布设喷雾系统

4．废气排放控制

为保证城市的空气质量，项目施工中应尽量减少废气的排放。现场使用的车辆及机械设备的废气排放应符合国家要求，总包单位应对项目分包、设备租赁等所有的机械设备、车辆进行控制；在城市中的施工现场，不用煤作为生活燃料，也不用现场木材下脚料取火。

现场电焊烟气的排放指标很难进行测量，尽管地下室等密闭结构做了排风设施，但是否能有效地减少空气中金属粉尘、锰等关键有毒害物质指标不好测量。在一些工业企业中，采用专门的除尘设备，能减少 90% 的有害粉尘，效果很好，对一些特殊的工程项目可借鉴使用。

5．固体废弃物处置

固体废弃物应分类收集，集中堆放；对施工中的开挖土方尽量回填利用；碎石和土石方类废弃物，可用作地基和路基填埋材料；对废电池设置专门的回收装置；废墨盒等有毒有害的废弃物单独回收。

6．污水排放控制

现场道路和材料堆放场周边设排水沟，并定期清理，保持通畅；现场厕洗间设置化粪池；工地厨房设隔油池；施工现场设沉淀池；工程污水和试验室养护用水经处理后排入市政污水管道。

7. 光污染控制

工地设置大型照明灯具时，应严格控制照射的方向和角度，以防止强光外泄。可在照明灯外加上灯罩，设置固定式弧光防护罩等。

夜间实施气焊和电焊作业以及钢结构焊接加工，应有遮光措施或设置遮光棚。

8. 噪声控制

现场除设置隔音设施外，还应设噪声监测点，实施动态监测，发现超标情况，立即查找原因，及时采取措施。

合理地规划施工作业时间，使夜间施工噪声符合国家规定；优先采用先进机械、低噪声设备进行施工，并定期保养维护；产生噪声的机械设备，尽量远离施工现场办公区、生活区和周边住宅区；混凝土输送泵设置吸声降噪屏罩，混凝土浇筑振捣时不得触动钢筋和钢模板；木工房等采取降噪措施。

（二）节材与材料资源利用措施

节约材料（包括周转材料）一直是施工企业降低成本的主要手段之一，每个工程项目都应根据各自的不同特点，采取有效措施，最大限度地节约材料。

1. 材料的选择

施工应选用获得环保认证、有毒有害物质含量符合国家相关要求的材料；办公设施、生活区设施，可采用活动板房，周转使用。现场工作平台采用可拆卸再利用的钢平台，废弃钢材做脚手架等防护措施重复利用。现场的一些楼梯保护板采用回收的木板重复利用。

利用粉煤灰、矿渣、外加剂等新材料，来降低混凝土及砂浆中的水泥用量。

教育活动区、行人通道和停车区采用 50mm 厚 500mm×500mm 混凝土预制板或草坪砖，美观亮丽，地面拆除容易，材料可回收利用，如图 3-3 和图 3-4 所示。

图 3-3 混凝土预制板地面

图 3-4 行人通道和停车区地面

现场运输道路分为重型车辆通行通道、轻载车辆通行通道，并采用不同的可二次利用的块材地面，达到节材和减少垃圾的效果，如图3-5和图3-6所示。

图3-5　重型车辆通行通道采用10～20mm厚钢板块材地面

图3-6　轻载车辆通行通道采用预制钢框配筋100mm厚500mm×1000mm长方形混凝土块材地面

2. 材料的节约

1）钢筋优化设计。通过钢筋下料监督、检验、精加工减少损耗，采用机械连接，用高强度钢筋代替低强度钢筋，合理利用废钢筋等一系列措施，可以节省钢筋用料。

2）面材、块材镶贴，做到预先总体排版。

3）因地制宜，采用"几字梁"、模板早拆体系、高效钢材、高强混凝土、自防水混凝土、自密实混凝土、竹材、木材，对工业废渣、废液再利用等。

4）采取相应措施提高钢筋、混凝土、木材及安装工程材料等的利用率。

5）精确估计混凝土用量，对混凝土余料进行有效利用，如浇筑混凝土垫块铺设硬化地面等。

6）合理使用木方和木模板，并减少随意切锯。

7）对于安装工程材料应合理规划使用。

3. 资源重复利用和再生利用

1）短木材接长再利用。木条接长采用机械接长，不仅操作简单，而且节约成本，质量有保证。

2）板材、块材等下脚料和散落的混凝土及砂浆回收利用。板材下脚料由于短小，可用作排水沟顶盖，还可用作脚手架外侧的踢脚板；混凝土散落物一般用于回填。

现场采用型钢、螺栓等材料制作工具式加工棚、防护棚，安装方便快捷，可周转使用，美观大方，如图3-7所示。

图 3-7 工具式加工棚

现场处理二次回收混凝土块、砂浆等建筑垃圾，采用合理配比加工异型砌块，绿色环保节能，如图 3-8 所示。

图 3-8 异型砌块加工

（三）节水与水资源利用措施

众所周知，地球上的水资源是有限的，作为用水大户的建筑施工场地，节约用水和水资源的利用就尤为重要。施工现场一般要求生产、生活用水分开计量，生活用水设施均为节水型器具，并制定每人每月定额用量，以确保节约用水人人有责。

1. 节约用水

喷洒路面、绿化浇灌使用中水或收集的雨水等。

施工中采用先进的节水施工工艺。如地下室的防渗施工中采用在混凝土中加入防渗剂；混凝土养护用水可采用中水，且采取覆盖措施，竖向构件喷涂养护液。

2. 水资源再利用

1）合理使用基坑降水。如在基坑降水工程中，设置降水收集井，用于道路洒水、混凝土养护等。

2）在雨水充沛地区，建立雨水收集装置。收集的雨水可用于进出车辆的清洗，道路洒水、降尘，混凝土养护等。

3）冲洗现场机具、设备、车辆用水，应设立循环用水装置。

现场布设室外场地雨水及冲洗用水收集利用系统如图 3-9 所示，水资源二次利用系统如图 3-10 所示。

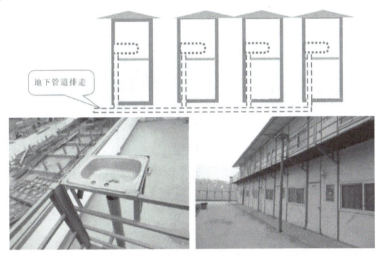

图 3-9　现场布设室外场地雨水及冲洗用水收集利用系统

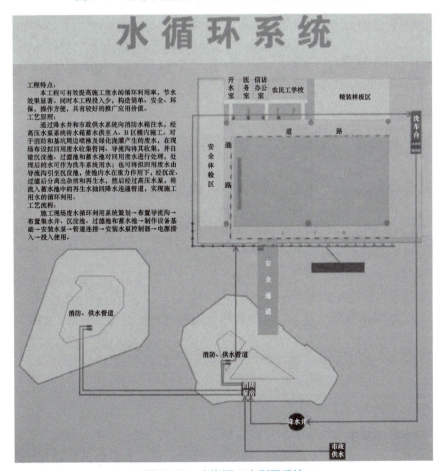

图 3-10　水资源二次利用系统

图 3-10　水资源二次利用系统（续）

4）雨水以及浇筑混凝土冲洗泵管水利用原理：

①在工作面设置可移动水箱，用于沉淀冲洗泵管产生的水中存留的废料。

②利用 PVC 管作回水管道，管道随主体进度接至作业层。

③每次混凝土浇筑后，将冲洗水通过回水管排至沉淀池内。

④现场收集的雨水通过回收系统流至沉淀池内。

⑤沉淀后的清水流至蓄水池内，在蓄水池处设置加压水泵，将经过处理的回水送至作业层及施工现场进行再利用；定期清理沉淀池。施工现场沉淀水箱如图 3-11 所示。

图 3-11　施工现场沉淀水箱

（四）节能与能源利用措施

施工现场消耗的能源主要是电能和汽油、柴油等。加强生产、生活、办公及主要耗能机械的节能指标管理，选择节能型设备，并对主要耗能设备进行能耗计量核算。

根据当地气候和自然资源条件，合理利用太阳能或其他可再生能源。如某项目将太阳能热水用于办公区和生活区用水。

主要耗能设备包括焊机、电梯、塔式起重机、水泵、切割机、卷扬机等，应对其节能指标进行控制。

1. 临时用电设施

对临时用电，如果条件许可首先应该考虑变压器的负荷，同时采用节电设备以减少系统的电耗。合理规划配电线路，合理选择线缆，减少线损。考虑采用高效节能的设备和用电器，并加强对用电器使用的管理。照明设计满足基本照度的规定，不得超过基本照度的

−10%～+5%。采用自动控制的电流控制箱，对生活区用电和照明等设备进行自动控制。照明采用声控、光控等自动控制方式。

2．机械设备

选择配置施工机械设备时，应考虑机械设备能源利用率。施工现场设备能源利用率包括机械本身的工作效率和负荷工作下的能源消耗率。

3．临时设施

施工临时设施应结合日照和风向等自然条件，合理利用自然采光和通风，设置外窗遮阳设施。使用热功性能达标的复合墙体（注意防火问题）和屋面板，顶棚宜采用吊顶（悬吊式顶棚）。

4．材料运输与施工

工程施工使用的自行选购材料的采购和运输，应因地制宜并遵照就地取材的原则。施工中合理安排施工工序，采用能耗少的施工工艺。现场材料堆放支架搭设应规范，材料分类清晰，标牌醒目，如图 3-12 所示。

图 3-12　现场材料堆放支架搭设

（五）节地与土地资源保护措施

施工单位主要是对红线内的土地实施保护性使用，根据施工规模、周期及现场条件等因素，合理确定临时设施用地，如加工厂、作业棚、材料堆场、办公区、生活区的合理布置，并按地基基础工程、主体结构工程、装饰装修及设备安装工程三个阶段的平面布置，实施动态管理。

1. 节约用地

合理布置场地，尽量减少施工用地。根据场地情况合理布置道路，对有较大场地的施工现场，场内交通道路布置宜与原有及永久道路相结合，双车道宽度不大于 6m，单车道不大于 3.5m，转弯半径不大于 15m，尽量形成环形通道。对于特殊施工需要的，可适当增加道路宽度。对于狭小的施工场地，在满足消防要求的前提下，合理设计道路宽度。

充分利用和保护原有建筑物、构筑物等；临时办公和生活用房采用多层轻钢活动板房、钢骨架多层水泥活动板房等可重复使用的装配式结构房屋。

若项目由于场地狭小，可将裙房地下室顶板进行加固后作为钢结构的临时堆放场地；若项目单层面积很大，实行分段流水作业，可将一部分的结构作为另一部分结构施工时的钢筋加工场地，轮换施工。

2. 保护用地

对深基坑施工方案进行优化，减少土方开挖和回填量，保护用地。基坑开挖的工地，对开挖的土方和降水采取保护措施，如地下水收集利用、土方集中堆放处理、裸露土进行遮盖等，以防止水土流失。对大型基坑开挖，应采取合理开挖方案，用开挖的土方进行回填，合理利用地下资源。

钢筋尽量采用工厂化制作，减少对场地的占用。

小 结

1. 工程概况是对整个建设项目的总说明和总分析，是对拟建工程所做的简单扼要、重点突出的文字介绍。工程概况应包括工程主要情况、各专业设计简介和工程施工条件等。

2. 工程主要情况应包括工程名称、性质和地理位置。要根据工程的特点确定工程的施工顺序以及选择施工机械。

3. 各专业设计简介应包括建筑设计简介、结构设计简介和机电及设备安装专业设计简介。建筑设计简介应依据建设单位提供的建筑设计文件进行描述，包括建筑规模、建筑功能、建筑特点、建筑耐火、防水及节能要求等，并应简单描述工程的主要装修做法；结构设计简介应依据建设单位提供的结构设计文件进行描述，包括结构形式、地基基础形式、结构安全等级、抗震设防类别、主要结构构件类型及要求等。

4. 选择绿色建筑施工方案，实现环境保护、节能与能源利用，节材与材料资源的利用、节水与水资源利用、节地与施工用地保护（简称：四节一环保）。

能力训练

一、单项选择题

1. 施工组织总设计的编制对象是：（   ）
    A. 单位工程　　　　　　　　　　　　B. 单项工程

  C．建设项目   D．分部工程

2．施工组织总设计的编制依据有五个方面，其中之一是（ ）。

  A．国家有关文件   B．设计文件及有关资料

  C．生产要素供应条件   D．施工方案

3．下列哪一个不是确定施工顺序应遵循的原则：（ ）

  A．当地气候条件   B．施工机械需求

  C．成本优化   D．施工工艺需求

二、多项选择题

1．以下（ ）工程，需要提出施工方法和技术组织措施。

  A．土方工程   B．脚手架工程

  C．高耸工程   D．构件吊装工程

  E．模板工程

2．选择绿色建筑施工方案，即是满足"四节一环保"。以下属于"四节一环保"的有（ ）

  A．环境保护   B．节能与能源利用

  C．节材与材料资源利用   D．节地与施工用地保护

  E．节水与水资源利用

编制工程概况

一、实训目的

掌握施工方案中工程概况编制的内容

二、实训内容

  某设计研究总院有限公司设计的某房地产开发项目为 13 栋公寓楼的土建工程、水电安装工程、装饰装修工程以及地块内的市政给排水及道路工程。其场地长约 380m，宽 125m，自然地势西高东低，水文地质条件简单，地下水水位埋藏较深。公寓楼设计为 3 个单元的组合，建筑层数为地上 5 层，总长 73.70m，宽 13.20m，层高 3.00m，全高 15.55m，室内外高差 0.45m，每栋公寓楼的总建筑面积为 3434.03m²，总建筑面积约 4.5 万 m²。公寓楼结构类型为框架结构，基础形式为钢筋混凝土条形基础，基础持力层为粉土粉砂层，具有轻微失陷性。基坑开挖采用大开挖的方式，地基采用分层碾压换填的地基处理方式。换填材料选用本场地内广泛分布的棕红色含粉土的粉细砂，回填材料需洒水拌和，确保最优含水量要求。

三、实训要求

  根据提供的工程基本情况，编写工程概况和绿色施工技术措施。

案例分析

在英国伦敦纽汉区皇家维多利亚码头，有一座"水晶大厦"，它是一座会议中心，也是一座展览馆，更是向公众展示未来城市及基础设施先进理念的一个窗口。西门子将其在城市与基础设施领域的智慧融入其中，正如它的形状"水晶"一样，未来城市的多面性将在此放射出夺目的光彩。除了惊人的结构设计，"水晶大厦"是人类有史以来最环保的建筑之一。"水晶大厦"本身也为未来城市提供了样本——它占地逾6300m^2，却是高能效的典范。与同类办公楼相比，它可节电50%，减少二氧化碳排放65%，供热与制冷的需求全部来自可再生能源。该建筑使用自然光线，白天自然光的利用很彻底。它利用智能照明技术，电力主要由光伏太阳能电池板提供。该建筑的另一个有趣的特性是所谓的集雨和黑色水回收。建筑的屋顶作为收集器收集雨水，使雨水通过处理后循环利用。

问题： 根据上述内容分析一下该建筑采用了哪些措施节能？

模块四

施工进度计划——流水施工原理

学习目标

- ➢ 了解建筑施工的组织方式和表达形式。
- ➢ 掌握流水施工的基本参数及其计算方法。
- ➢ 掌握流水施工的组织方法，绘制流水施工进度计划横道图。
- ➢ 掌握小型工程或分部工程流水施工的组织方法。

建议学时

- ➢ 10～18学时

知识链接

横道图

横道图又叫甘特图（Gantt chart），它以图示的方式通过活动列表和时间刻度形象地表示出任何特定项目的活动顺序与持续时间，是第一次世界大战时期由科学管理运动先驱之一，亨利·劳伦斯·甘特先生发明。这是管理思想的一次革命。

横道图内在思想简单，横轴表示时间，纵轴表示活动（施工过程），线条表示在整个期间上计划和实际的活动完成情况。它直观地表明活动计划在什么时候进行，及实际进展与计划要求的对比。管理者由此极为便利地弄清一项活动（施工过程）还剩下多少工作要做，是一种理想的进度控制工具，且有专业软件支持。但是如果关系过多，纷繁芜杂的线图必将增加横道图的阅读难度。因横道图无法描述大型项目中各种活动间错综复杂、相互制约的逻辑关系，只能描述各种活动安排的时序关系，无法同时反映更多的由项目策划者或实施者关注的其他计划内容，如影响项目总工期的关键活动有哪些，在哪些活动的节点存在一定的活动余地等。此外，横道图也不便于调整优化，因此它的应用受到一定的限制。

【引入问题】

1. 举例说明什么样的建筑工程的施工组织适合用横道图表示。
2. 考虑到横道图的局限性，工程师又可采用哪种施工组织表述方法？
3. 上网查找写出用Excel绘制横道图的步骤，并画一个实例。

单元一 流水施工的基本概念

一、建筑施工组织方式

建（构）筑物的建造过程实际上就是相应施工过程依次完成的过程，这其中，任何一项施工过程都可以组织一个或多个施工队组来进行施工。考虑到施工工序、资源供应和施工环境等内外因素的影响和制约，如何将这些因素有效地组织在一起，按照一定的顺序在时空上展开，以确保合理工期，即采取何种施工组织方式是施工组织设计的关键。常见施工组织方式有依次施工、平行施工和流水施工。举例说明如下：

【案例 4-1】

编号分别为 A、B、C 和 D 的四幢拟建学生宿舍楼，其基础工程的工程量相等，均由挖土方、做垫层、砌基础和回填土四个施工过程组成。每个施工过程安排一个施工队组，且在每幢建筑物中的施工天数均为 5 天。其中，挖土方时，工作队由 8 人组成；做垫层时，工作队由 6 人组成；砌基础时，工作队由 14 人组成；回填土时，工作队由 5 人组成。试选取施工组织方式，并绘制施工进度计划及相应的劳动力动态图。

（一）依次施工组织方式

依次施工组织方式是将拟建工程的整个建造过程分解为若干个施工过程，按照施工工艺要求，按顺序依次在各个施工对象上组织施工的方法。它是一种最基本、最原始的施工组织方式。绘制【案例 4-1】依次施工进度计划及劳动力动态图如图 4-1 所示。

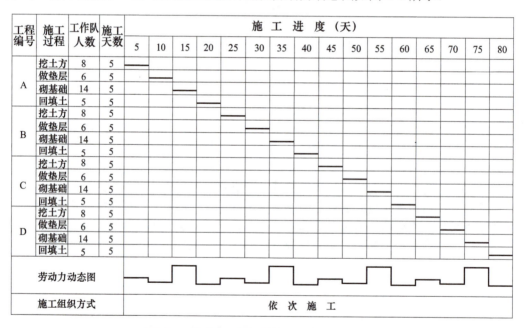

图 4-1 依次施工组织方式及其劳动力动态图

依次施工组织方式的现场组织管理比较简单，单位时间内投入的劳动力较少，资源需求量不大，有利于资源供应的组织工作，适用于规模较小，工作面有限的工程。其突出问题是：没有充分地利用工作面去争取时间，工作队组及工人不能连续作业，所以施工工期长。此外，专业工作队组不能实现专业化施工，不利于改进工人的操作方法和施工机具，不利于提高工程质量和劳动生产率。

（二）平行施工组织方式

平行施工组织方式是指工程对象的所有施工过程在不同空间上同时投入作业，同时完工的一种施工组织方式。绘制【案例 4-1】平行施工进度计划及劳动力动态图如图 4-2 所示。

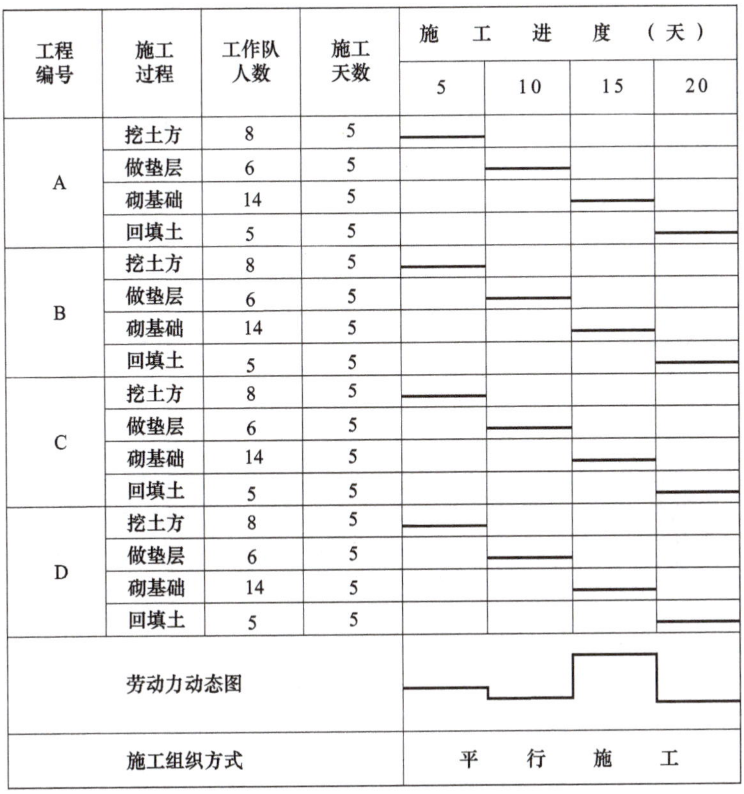

工程编号	施工过程	工作队人数	施工天数	施工进度（天）			
				5	10	15	20
A	挖土方	8	5				
	做垫层	6	5				
	砌基础	14	5				
	回填土	5	5				
B	挖土方	8	5				
	做垫层	6	5				
	砌基础	14	5				
	回填土	5	5				
C	挖土方	8	5				
	做垫层	6	5				
	砌基础	14	5				
	回填土	5	5				
D	挖土方	8	5				
	做垫层	6	5				
	砌基础	14	5				
	回填土	5	5				
劳动力动态图							
施工组织方式				平 行 施 工			

图 4-2　平行施工组织方式及其劳动力动态图

平行施工组织方式充分地利用了工作面，争取了时间，可以缩短工期；适用于工期要求紧，大规模的建筑群及分批分期组织施工的工程任务。但这种方式只有在工作面允许以及各方面的资源供应有保障的前提下才可实现。突出的问题是：单位时间施工资源投入集中，专业施工队组数成倍增加，现场机具设备及临时设施也相应增加，施工现场组织管理复杂困难，施工管理费用增加。

（三）流水施工组织方式

流水施工组织方式是指所有的施工对象按一定的时间间隔依次投入施工，陆续竣工，且尽可能平行搭接施工；不同施工队组在不同施工对象上同时工作，同一施工队组在各施工对象上连续均衡工作的一种施工组织方法。绘制【案例 4-1】流水施工进度计划及劳动力动态图如图 4-3 所示。

流水施工组织方式平衡了依次施工和平行施工的优缺点。与依次施工相比，流水施工科学地利用了工作面，缩短了工期；工作队组实现了专业化施工，为工人提高技术熟练程度以及改进操作方法和生产工具创造了有利条件，可以更好地保证工程质量和提高劳动生产率；与平行施工相比，流水施工交叉作业少，互相干扰少，增加了单位时间投入施工的劳动力、机械设备与物资资源供应量的均衡性，有利于资源供应的组织工作；相同专业工作队能够连续作业，相邻专业工作队组前后施工过程可合理平行搭接，以保证拟建工程项目的施工全过程在时空上有节奏、连续均衡地进行下去，直到完成全部施工任务。

工程编号	施工过程	工作队人数	施工天数	施工进度（天）						
				5	10	15	20	25	30	35
A	挖土方	8	5							
	做垫层	6	5							
	砌基础	14	5							
	回填土	5	5							
B	挖土方	8	5							
	做垫层	6	5							
	砌基础	14	5							
	回填土	5	5							
C	挖土方	8	5							
	做垫层	6	5							
	砌基础	14	5							
	回填土	5	5							
D	挖土方	8	5							
	做垫层	6	5							
	砌基础	14	5							
	回填土	5	5							
劳动力动态图				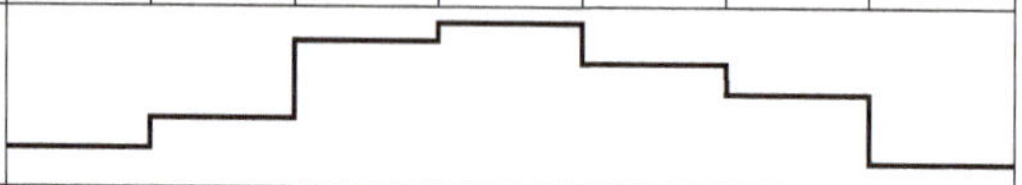						
施工组织方式				流水施工						

图 4-3 流水施工组织方式及其劳动力动态图

二、流水施工的组织条件

流水施工组织方式在不增加任何费用的前提下，以最佳的方式将工程系统内（几个同类项目或一个项目的若干个施工区段）所有生产要素进行合理安排，充分发挥施工企业生产能力，将施工在工艺划分、时间排列和空间布置上统筹安排，使其形成一个协调的系统，从而达到作业时间省、资源耗费低、产品和服务质量优的目标，在确保合理工期的同时，提高项目技术经济效益，为文明施工和现场科学管理创造了有利条件。考虑到建筑产品固定和体积庞大等特性，流水施工实质是由各专业队组的工人在若干个工作性质相同的施工环境中依次连续地工作的一种施工组织方法。组织流水施工时，我们需要提前做好以下工作：

1. 划分施工过程（n）

根据工程特点及施工要求，将拟建工程划分为若干个分部工程。每个分部工程又根据施工工艺要求、工程量大小、施工队组的组成情况划分为若干个施工过程（即分项工程）。

2. 划分施工段（m）和施工层（r）

为实现多个工序同时施工，需将拟建工程在平面和空间上划分为工程量大致相等的若干个施工区段，每个施工区段上要有足够的工作空间（工作面）。流水施工要求能够同时开展多个工作面。

3．每个施工过程组织独立的专业施工队组

每个施工过程尽可能组织独立的施工队组，从而保证每个施工队组按照施工顺序依次地、连续地、均衡地从一个施工段到另一个施工段进行相同的操作。

4．主要施工过程必须连续均衡的施工

在保证工程量大、施工时间长的施工过程连续均衡施工的前提下，为缩短工期，可考虑将次要施工过程与相邻施工过程合并或间断施工。

5．不同施工过程尽可能组织平行搭接施工

按照施工前后顺序要求，在工作面允许的条件下，除必要的技术或组织间歇外，尽可能组织平行搭接施工。

三、流水施工的横道图表达形式

横道图绘图简单、形象直观，是流水施工的主要表达方式之一，如图4-4所示。它结合时间坐标，在图横向表示时间进度，纵向表示施工过程或专业施工队标号；带有标号的圆圈表示施工段的编号；表中横道线条的长度表示计划中的各项工作（施工过程、工序或分部工程、工程项目等）的持续时间；表中横道线条所处的位置则表示各项工作的作业开始和结束时刻以及它们之间相互配合的关系；横道图还可以明确表示整个项目开工时间、完工时间和总工期。

绘制时，先绘制时间坐标进度表，并在图的左侧标明各施工过程，然后根据计算在图的右侧画出进度线段。线段的左起点代表某施工过程的起始时间，右端点代表同一施工过程的截止时间，线段的水平长度即为这一施工过程的持续时间。实际工作中，尽量先安排主导施工过程，其他施工过程尽可能地配合主导施工过程并最大限度地搭接，以使每个施工过程尽早投入施工。

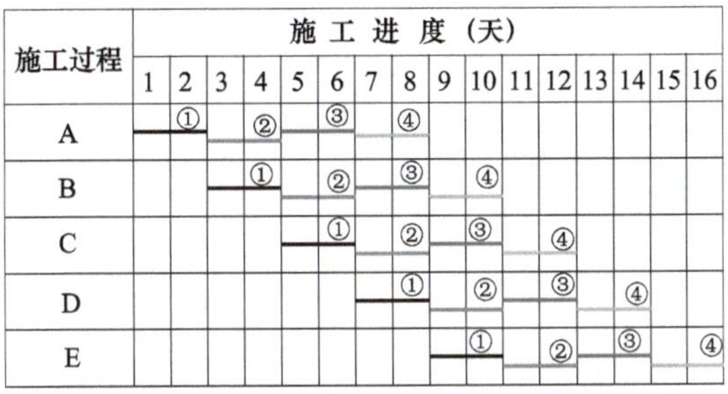

图 4-4　流水施工横道图

单元二　流水施工的基本参数

依据流水施工的组织条件可知，流水施工是在研究工程特点和施工条件的基础上，通过一系列参数的计算来实现的。这些用以表达流水施工在工艺流程、空间布置和时间排列等方面开展状态的参数，称为流水参数。它主要包括工艺参数、空间参数和时间参数三类。

一、工艺参数

在组织流水施工时，用以表达建设项目各施工过程在施工工艺上的开展顺序及其特征的参数称为工艺参数。通常，包括施工过程数和流水强度两种。

（一）施工过程数

施工过程数是指参与项目施工流水的全部施工过程的数目，一般用字母 n 表示。它是流水施工的基本参数之一，根据工艺性质不同，施工过程分为制备类施工过程、运输类施工过程和砌筑安装类施工过程等三种，具体如下：

1. 制备类施工过程

它是指为提高施工项目产品装配化、工厂化、机械化和生产能力而形成的施工过程。如砂浆、混凝土、构配件、制品和门窗框扇等的制备过程。

2. 运输类施工过程

它是指将建筑材料、构配件、（半）成品、制品和设备等运输到项目工地仓库或现场操作使用地点而形成的施工过程。

3. 砌筑安装类施工过程

它是指在施工对象的空间上，直接进行加工，最终形成施工项目产品的过程。如地下工程、主体工程、结构安装工程、屋面工程和装饰工程等施工过程。

施工过程数（n）的确定主要依据项目的性质、项目所采用的施工方案和发包人对项目工期的要求等进行确定。各施工过程所包括范围可大可小，既可以是分部、分项工程，又可以是单位工程或单项工程。要根据建筑物或构造物的复杂程度和施工方法来确定，太多、太细会给计算增添麻烦，在施工进度计划上会带来主次不分的缺点；太少则会使计划过于笼统，而失去指导施工的作用。

（二）流水强度

流水强度是指流水施工的某施工过程（专业工作队）在单位时间内完成的工程量，也称为流水能力或生产能力，通常用大写 V_i 来表示。

1. 机械施工过程的流水强度

$$V_{ji} = \sum_{i=1}^{x} R_{ji} S_{ji} \qquad (4-1)$$

式中　V_{ji}——某施工工程 i 的机械操作流水强度；
　　　R_{ji}——投入施工过程 i 的某种施工机械台数；
　　　S_{ji}——投入施工过程 i 的某种施工机械产量定额；
　　　x——投入某施工过程 i 的施工机械种类数。

2. 人工施工过程的流水强度

$$V_{ri} = R_{ri} S_{ri} \qquad (4-2)$$

式中　V_{ri}——某施工过程 i 的人工操作流水强度；

R_{ri}——投入施工过程 i 的工作队人数；

S_{ri}——投入施工过程 i 的工作队平均产量定额。

二、空间参数

在组织流水施工时，用以表达流水施工在空间布置上所处状态的参数，称为空间参数。空间参数主要有工作面、施工段数和施工层数三种。

（一）工作面

工作面又称工作前线，是指某专业工种的工人在从事建筑产品施工过程中，所必须具备的活动空间。它的大小可表明施工对象能安置多少工人操作和布置多少机械。在确定一个施工过程必要的工作面时，需考虑相应工种单位时间内的产量定额、前一施工过程为这个施工过程可能提供的工作面大小，同时也要遵守安全技术规程和施工技术规范的规定。有关工种所需工作面详见表 4-1。

表 4-1 主要工种工作面参考数据表

工作项目	每个技工的工作面	说明
砖基础	7.6m/人	以 $1\frac{1}{2}$ 砖计；2 砖乘以 0.8；3 砖乘以 0.55
砌砖墙	8.5m/人	以 1 砖计；以 $1\frac{1}{2}$ 砖乘以 0.71；2 砖乘以 0.57
毛石墙基	3m/人	以 60cm 计
毛石墙	3.3m/人	以 40cm 计
混凝土柱、墙基础	8m^3/人	机拌、机捣
混凝土设备基础	7m^3/人	机拌、机捣
现浇钢筋混凝土柱	2.45m^3/人	机拌、机捣
现浇钢筋混凝土梁	3.20m^3/人	机拌、机捣
现浇钢筋混凝土墙	5m^3/人	机拌、机捣
现浇钢筋混凝土楼板	5.3m^3/人	机拌、机捣
混凝土地坪及面层	40m^2/人	机拌、机捣
外墙抹灰	16m^2/人	
内墙抹灰	18.5m^2/人	
卷材屋面	18.5m^2/人	
防水水泥砂浆屋面	16m^2/人	
门窗安装	11m^2/人	

（二）施工段数和施工层数

在组织流水施工时，为了满足专业工种对操作高度和施工工艺的要求，将施工对象在平面或空间上划分成若干个劳动量大致相等的施工区段，称为施工段或流水段。参与流水的全部施工段的数目就是施工段数，一般用字母 m 表示；将拟建工程项目在竖向上划分为若干个操作层称为施工层。施工层的数目称为施工层数，用字母 r 表示。施工层的划分要按照工程项目的具体情况，根据建筑物的高度、楼层来确定。如砌筑工程的施工高度一般为 1.2m，室内抹灰、木装饰、油漆、玻璃和水电安装等，可按楼层进行施工层划分。

1. 划分施工段的目的

划分施工段的目的就是为组织流水施工创造条件。施工段的划分可以使不同施工队组在同一施工项目的不同区段上同时施工，且使同一施工队组遵循施工组织顺序依次在各个施工段上作业，减少了工作队组互等、停歇的时间，产生连续流动均衡施工的效果。在一般情况下，一个施工段在同一时间内，只安排一个专业工作队施工。组织流水施工时，可以划分足够数量的施工段，充分利用工作面，避免窝工，尽量缩短工期。

2. 划分施工段的原则

划分施工段是组织流水施工的基础，为使施工段划分得科学合理，通常应遵循以下原则：

1）为保证拟建工程结构整体性，不破坏结构力学性能，不能在不允许留施工缝的部位分段，应尽可能利用伸缩缝、沉降缝等自然分界线。

2）为充分发挥现场工人及施工机械效率，每个施工段要有足够的工作面，使其所容纳的劳动力人数或机械台数，能满足合理劳动组织的要求。

3）各施工段劳动量（或工程量）要大致相等（相差宜在15%以内），以保证各施工队组连续均衡，有节奏的施工。

4）由于各施工过程的工程量不同，所需最小工作面不同，以及施工工艺要求不同等原因，不能实现所有工作队都能连续作业，且所有施工段上都连续有工作队在工作时，应尽量使主导施工过程的工作队能连续施工。

5）划分时，施工段数要适当。施工段过多，势必要减少工人数，不能充分利用工作面而延长工期；施工段过少，又会造成资源供应过分集中，不利于组织流水施工。

6）当拟建工程同时分层分段施工时，为保证相应的专业工作队在施工段与施工层之间能连续施工，施工段的数目要满足

$$m \geqslant n \tag{4-3}$$

其中，m 代表施工段数，n 代表施工过程数。

【案例4-2】

某二层现浇钢筋混凝土工程，分支模板、绑扎钢筋和浇筑混凝土三个施工过程，各施工过程在各施工段上的持续时间均为3天，则施工段数和施工过程数之间可能有下述三种情况：

1）当 $m>n$ 时，施工进度计划如图4-7所示。可以看出，此时各专业工作队能够连续作业，但施工段有空闲，工作面未被充分利用。图中显示，各施工段在第一层浇完混凝土后，均空闲3天，即工作面空闲3天。但有时这种空闲可用于弥补由于技术间歇和组织管理间歇等要求所必需的时间。

2）当 $m=n$ 时，施工进度计划如图4-8所示。可以看出，此时各专业工作队能够连续作业不窝工；各施工段没有空闲，工作面被充分利用。这是理想化的流水施工方案，对项目管理者的管理水平有较高要求。

3）当 $m<n$ 时，施工进度计划如图4-9所示。可以看出，此时各施工段没有空闲，工作面被充分利用。但各工作队不能连续作业，有窝工现象。如：支模板工作队完成第一层的施工任务后，要停工3天才能进行第二层第一段的施工，其他队组同样也要停工3天，

因此工期延长。这对组织流水施工不适宜，应加以杜绝。但在建筑群整体施工中可与群内其他建筑物组织大流水。

施工层	施工过程名称	施工进度（天）									
		3	6	9	12	15	18	21	24	27	30
I	支模板	①	②	③	④						
	绑扎钢筋		①	②	③	④					
	浇混凝土			①	②	③	④				
II	支模板					①	②	③	④		
	绑扎钢筋						①	②	③	④	
	浇混凝土							①	②	③	④

图 4-5　$m>n$ 时的进度计划

施工层	施工过程名称	施工进度（天）							
		3	6	9	12	15	18	21	24
I	支模板	①	②	③					
	绑扎钢筋		①	②	③				
	浇混凝土			①	②	③			
II	支模板				①	②	③		
	绑扎钢筋					①	②	③	
	浇混凝土						①	②	③

图 4-6　$m=n$ 时的进度计划

施工层	施工过程名称	施工进度（天）						
		3	6	9	12	15	18	21
I	支模板	①	②					
	绑扎钢筋		①	②				
	浇混凝土			①	②			
II	支模板				①	②		
	绑扎钢筋					①	②	
	浇混凝土						①	②

图 4-7　$m<n$ 时的进度计划

从上面的三种情况可以看出：施工段数的多少，直接影响工期的长短，而且要想保证专业工作队能够连续施工，必须满足：$m \geqslant n$。

此外应该指出，当无层间关系或无施工层（如某些单层建筑物、基础工程等）时，则施工段数不受式（4-3）的限制，可按前面所述划分施工段的原则进行确定。

三、时间参数

时间参数是流水施工中反映施工过程在时间排列上所处状态的参数，一般有流水节拍、流水步距、平行搭接时间、技术间歇时间、组织间歇时间和工期。

（一）流水节拍

在组织流水施工时，某一施工过程的专业工作队组在一个施工段上完成相应的施工任务所需要的工作延续时间称为流水节拍，通常用 t_i 表示。流水节拍的大小可以反映出流水施工速度的快慢、节奏感的强弱和资源消耗的多少，是流水施工的基本参数之一。

1. 确定流水节拍应注意的问题

1）专业工作队组在组织方面的限制和要求。人数应符合该施工过程最小劳动组合的人数要求，以使他们具备集体协作的能力，并保证一定的劳动生产率。

2）工作面条件（包括大小）的限制。工作面条件的满足可以保证施工操作安全，并发挥专业工作队组正常的劳动效率。

3）机械设备的实际负荷能力和可能提供的机械设备数量，也要考虑机械设备操作场所安全和施工质量的要求。

4）各种材料和构配件供应能力、施工现场堆放量和其他有关条件的限制对进度的影响和限制。

5）施工技术条件要求。如：连续施工现浇大体积混凝土时，应按三班制的工作条件决定流水节拍以确保工程质量。

6）首先考虑主要的、工程量大的施工过程的节拍，然后按照工程量大小依次确定其他相对次要的施工过程的节拍值。

7）节拍值一般取整数，必要时可保留 0.5 工日（台班）值。

2. 确定流水节拍的方法

通常，流水节拍的确定有三种方法：定额计算法、工期倒排法、经验估算法。

（1）定额计算法　根据各施工段的工程量和现有能够投入的资源量（劳动力、材料量和机械台数等），按式（4-4）计算

$$t_i = \frac{Q_i}{S_i \cdot R_i \cdot N_i} = \frac{Q_i \cdot H_i}{R_i \cdot N_i} = \frac{P_i}{R_i \cdot N_i} \quad (4\text{-}4)$$

式中　t_i——某施工过程在某施工段上的流水节拍；
　　　Q_i——某施工过程在某施工段要完成的工程量或工作量；
　　　S_i——某专业工作队组的计划产量定额；
　　　H_i——某专业工作队组的计划时间定额；
　　　P_i——某专业工作队组在某施工段需要的劳动量或机械台班数量；
　　　R_i——某专业工作队组所投入的人工数或机械台数；
　　　N_i——某专业工作队组的工作班次。

式（4-4）中，S_i 和 H_i 取施工企业工人或施工机械所能达到的实际定额水平。

（2）工期倒排法　工期倒排法往往适用于工期要求明确的施工项目，即根据工期要求先确定流水节拍 t_i，然后应用式（4-4）确定施工队组人数和机械台数。

（3）经验估算法　工程项目采用新工艺、新方法和新材料时，往往没有现成的定额可循，需根据以往的施工经验进行估算，常采用三种时间估算法。即，先估算出该流水节拍最长、最短和最可能时间，然后根据式（4-5）求出期望时间作为某施工过程在某施工段上的流水节拍

$$t_i = \frac{a + 4b + c}{6} \quad (4\text{-}5)$$

式中　t_i——某施工过程在某施工段上的流水节拍；
　　　a——某施工过程在某施工段上的最短估算时间；
　　　b——某施工过程在某施工段上的最可能估算时间；
　　　c——某施工过程在某施工段上的最长估算时间。

（二）流水步距

在组织流水施工时，两个相邻施工过程的专业工作队组在保证施工顺序、满足连续施工、最大限度搭接和保证工程质量要求的条件下，相继进入同一施工段开始施工的最小时间间隔（不包括技术间歇时间和组织间歇时间）称为流水步距，用符号 $K_{i,\,i+1}$ 表示。

流水步距的大小直接影响着工期的长短。如果施工段不变，流水步距越大，则工期越长；反之，工期就越短。流水步距还与前后两个相邻施工过程流水节拍的大小、施工工艺技术要求、施工段数、流水施工的组织方式有关。流水步距的数目等于（$n-1$），n 表示参加流水施工的专业工作队组数。

1. 确定流水步距的方法

流水步距一般随流水节拍而定，有以下几种情况：
1）当组织全等节拍流水时，流水步距是常数且等于流水节拍。

【案例 4-3】

某基础工程包括挖土、垫层、砌基础和回填土四个施工过程，分为两个施工段，每个施工过程的流水节拍为 2 天，试求此基础工程流水步距和工期，并绘出流水施工图。

解：如图 4-8 所示，依据流水步距的定义可知：挖土与垫层相继投入第一段开始施工的时间间隔为 2 天，即流水步距 $K=2$（本图 $K_{j,\,j+1}=K$），其他相邻两个施工过程的流水步距均为 2 天。

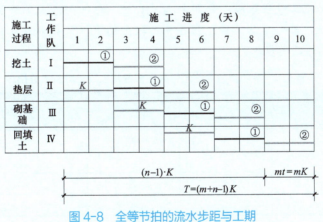

图 4-8　全等节拍的流水步距与工期

2）当组织成倍节拍流水时，流水步距是常数，其值等于各流水节拍的最大公约数。

【案例 4-4】

某基础工程包括挖土、垫层、砌基础和回填土四个施工过程，分两个施工段，各施工过程的流水节拍依次为 2 天、2 天、4 天和 2 天，试求此基础工程流水步距和工期，并绘出流水施工图。

解：由题意可知，此工程同一施工过程的流水节拍相等，不同施工过程的流水节拍存在公约数 2。依据流水步距的定义可知流水步距为各施工过程流水节拍的最大公约数 2，如图 4-9 所示。

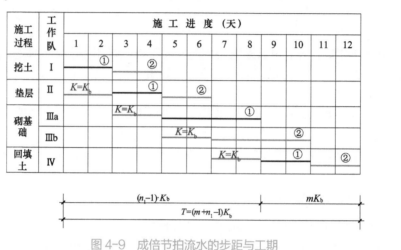

图 4-9 成倍节拍流水的步距与工期

3）当组织不定节拍流水时，流水步距是变数。此时，流水步距的确定方法很多，其中简洁实用的方法是潘特考夫斯基法，本书仅介绍潘特考夫斯基法。潘特考夫斯基法也称为"最大差法"，简称累加数列法。其值可按照"累加数列额，错位相减，取大值"的步骤确定。此法通常在计算无节奏的专业流水中，较为简捷准确。

【案例 4-5】

某项目由四个施工过程组成，分别由 A、B、C、D 四个专业工作队完成，在平面上划分成四个施工段，每个专业工作队在各施工段上的流水节拍如表 4-2 所示，试确定相邻专业工作队之间的流水步距。

表 4-2 某项目各专业工作队组在各施工段上的流水节拍

施工段 \ 工作队	A	B	C	D
①	4	3	3	2
②	2	4	2	2
③	3	3	2	1
④	2	4	3	2

解：（1）求各专业工作队的累加数列

A：4，6，9，11
B：3，7，10，14
C：3，5，7，10
D：2，4，5，7

（2）错位相减

A 与 B：

$$\begin{array}{r} 46911\\ -371014\\ \hline 4321-14 \end{array}$$

B 与 C：

$$\begin{array}{r} 371014\\ -35710\\ \hline 3457-10 \end{array}$$

C 与 D：

$$\begin{array}{r} 35710\\ -2457\\ \hline 3335-7 \end{array}$$

（3）确定求流水步距　因流水步距等于错位相减所得结果中数值最大者，故有

$K_{A,B}=\max\{4, 3, 2, 1, -14\}$ 天 $= 4$ 天

$K_{B,C}=\max\{3, 4, 5, 7, -10\}$ 天 $= 7$ 天

$K_{C,D}=\max\{3, 3, 3, 5, -7\}$ 天 $= 5$ 天

总结 [案例 4-5] 计算步骤如下：

1）根据专业工作队在各施工段上的流水节拍，求累加数列。

2）根据施工顺序，对所求相邻的两累加数列，错位相减。

3）根据错位相减的结果，确定相邻专业工作队之间的流水步距，即相减结果中数值最大者。

2．确定流水步距的原则

从上述几种情况的分析，可以得知确定流水步距的原则如下：

1）流水步距要满足相邻两个专业工作队，在施工顺序上的相互制约关系。

2）流水步距要保证各专业工作队都能连续作业。

3）流水步距要保证相邻两个专业工作队，在开工时间上最大限度地、合理地搭接。

4）流水步距的确定要保证工程质量，满足安全生产。

（三）其他时间参数

在组织流水施工，确定计划总工期时，项目管理人员还应根据本项目的具体情况，考虑要确定以下几个时间参数的值。

1．平行搭接时间

在组织流水施工时，有时为了缩短工期，在工作面允许的条件下，如果前一个专业工作队完成部分施工任务后，能够提前为后一个专业工作队提供工作面，使后者提前进入前一个施工段，两者在同一施工段上平行搭接施工，这个搭接的时间称为平行搭接时间，通常以 $C_{i, i+1}$ 表示。

2．技术间歇时间与组织间歇时间

在组织流水施工时，除要考虑相邻专业工作队之间的流水步距外，有时根据建筑材料

或现浇构件等的工艺性质，还要考虑合理的工艺等待间歇时间，这个等待时间称为技术间歇时间。如混凝土浇筑后的养护时间、砂浆抹面和油漆面的干燥时间等。

此外在流水施工中，由于施工组织的原因，造成的在流水步距以外增加的间歇时间，称为组织间歇时间。如墙体砌筑前的墙身位置弹线、施工人员、机械转移、回填土前地下管道检查验收等。

技术间歇时间与组织间歇时间一般以 $Z_{i,i+1}$ 表示。在组织流水施工时，项目经理部对技术间歇和组织间歇时间，可根据项目施工中的具体情况分别考虑或统一考虑；但二者的概念、作用和内容是不同的，必须结合具体情况灵活处理。

3．工期

完成一项工程任务或一个流水组施工所需的时间，可采用式（4-6）计算。

$$T = \sum K_{i,i+1} + T_n + \sum Z_{i,i+1} - \sum C_{i,i+1} \quad (4-6)$$

式中　T——流水施工工期；

$\sum K_{i,i+1}$——流水施工中各流水步距之和；

T_n——流水施工中最后一个施工过程的持续时间；

$Z_{i,i+1}$——第 i 个施工过程与第 $i+1$ 个施工过程之间的技术与组织间歇时间；

$C_{i,i+1}$——第 i 个施工过程与第 $i+1$ 个施工过程之间的平行搭接时间。

单元三　流水施工的基本组织方式

施工实践中，由于建筑工程的多样性，大多数情况下各分部分项工程量差异较大。组织流水时，要使所有的流水节拍都相等是很困难的，有时同一个施工过程在不同施工段上的流水节拍也不相等，因此就形成了不同节奏特征的流水施工。根据各施工过程时间参数的不同特点，流水施工通常可分为以下几种组织形式，如图 4-10 所示。

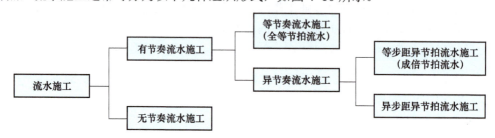

图 4-10　流水施工组织方式分类图

一、等节奏流水施工

组织流水施工时，如果不同施工过程的流水节拍彼此相等，同一施工过程在各施工段上的流水节拍也相等的组织方式称为等节奏流水施工，也称为固定节拍流水或全等节奏流水。

（一）等节奏流水施工的主要特点

1）不同施工过程之间的流水节拍相等。
2）每个施工过程在各施工段上的流水节拍也相同。
3）各流水步距彼此相等，而且等于流水节拍，即：$K_{1,2}=K_{2,3}=\cdots=K_{n-1,n}=K=t$（常数）。
4）专业工作队组数等于施工过程数。
5）每个专业工作队组都能够连续施工作业，且施工段没有空闲。

（二）无层间关系的等节奏流水施工组织

1．主要参数的确定

（1）施工段数（m）　无层间关系时，施工段数（m）满足划分施工段的基本要求即可。

（2）流水工期（T）　等节奏流水施工中，$\sum K_{i,i+1}=(n-1)t$；$T_n=mt$ 且 $K=t$。将其代入到一般工期计算公式式（4-6）中可得

$$T=(n-1)K+mK+\sum Z_{i,i+1}-\sum C_{i,i+1}$$

即
$$T=(m+n-1)t+\sum Z_{i,i+1}-\sum C_{i,i+1} \quad (4\text{-}7)$$

式中　T——流水施工总工期；

　　　m——施工段数；

　　　n——施工过程数；

　　　K——流水步距；

　　　t——流水节拍；

$Z_{i,i+1}$——i，$i+1$ 相邻两施工过程之间的技术与组织间歇时间；

$C_{i,i+1}$——i，$i+1$ 相邻两施工过程之间的平行搭接时间。

因此，无层间关系时，等节奏流水工期可以按式（4-7）计算。

2．施工案例

【案例4-6】

某工程分A，B，C和D四个施工过程，每个施工过程分两个施工段，各施工过程在每个施工段上的流水节拍均为2天，试组织该工程的流水施工。

解：1）判断流水类型。根据题意，本工程是无层间关系的等节奏流水施工（表4-3）。

表4-3　某工程流水节拍

施工过程 \ 施工段	一	二	
A	2	2	相同
B	2	2	相同
C	2	2	相同
D	2	2	相同
	相同	相同	

2）确定流水节拍：$t_i=t=2$ 天。
3）确定流水步距：$K=t=2$ 天。
4）确定施工段数：$m=2$ 段。
5）确定工期。由式（4-7）得

$$T=(m+n-1)\cdot t+\sum Z_{i,i+1}-\sum C_{i,i+1}=[(2+4-1)\times 2+0-0]\text{天}=10\text{天}$$

6）绘制流水施工进度图，如图 4-11 所示。

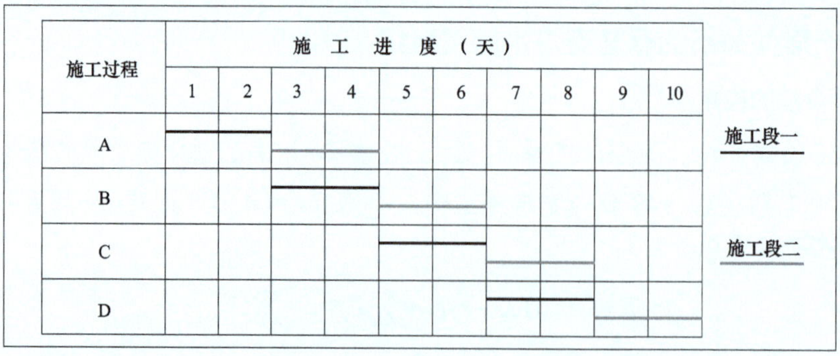

图 4-11 某工程等节奏流水施工进度计划图（无层间关系）

（三）有层间关系的等节奏流水施工组织

1. 主要参数的确定

（1）施工段数（m） 有层间关系时，施工段数（m）分下面两种情况确定：

1）无技术和组织间歇时，宜取 $m=n$。
2）有技术和组织间歇时，为了保证各专业工作队能连续施工，应取 $m\geqslant n$。

此时，每层空闲施工段数为 $m-n$，流水节拍为 t 时，则每层空闲时间为

$$(m-n)t=(m-n)K$$

为保证各专业工作队组连续施工，可将空闲时间用于技术间歇和组织间歇。因此

$$(m-n)K=\sum Z_1+Z_2$$

变换公式可得

$$m=n+\frac{\sum Z_1}{K}+\frac{Z_2}{K} \quad (4\text{-}8)$$

式中 m——施工段数；
n——施工过程数；
K——流水步距；
t——流水节拍；
$\sum Z_1$——一个施工层内各施工过程之间的技术间歇时间与组织间歇时间之和；若为多层取各层的最大值；
Z_2——施工层间的技术间歇时间与组织间歇时间之和。

（2）流水工期（T） 分层施工时，流水工期可按式（4-9）计算

$$T=(mr+n-1)K+\sum Z_1-\sum C_1 \quad (4\text{-}9)$$

式中　r——施工层数；

$\sum Z_1$——第一个施工层中各施工过程间的技术与组织间歇时间之和；

$\sum C_1$——第一个施工层中各施工过程间的搭接时间之和。

式（4-9）中，没有二层及二层以上的 $\sum Z_1$ 和 Z_2，是因为它们均已包括在式中的 mrK 项内。

2. 施工案例

【案例 4-7】

某工程由 A、B、C、D 四个施工过程组成，划分两个施工层组织流水施工，流水节拍均为 1 天。施工过程 B 完成后养护 1 天，下一个施工过程 C 才能施工，且层间技术间歇为 1 天。为保证专业工作队组连续作业，试确定合适的施工段数，计算工期并绘制流水施工进度图。

解：1）判断流水类型。根据题意，本工程可以组织等节奏流水施工。

2）确定流水节拍：$t_i = t = 1$ 天。

3）确定流水步距：$K = t = 1$ 天。

4）确定施工段数。本工程分两个施工层，根据式（4-8），其施工段数为

$$m = n + \frac{\sum Z_1}{K} + \frac{Z_2}{K} = \left[4 + \frac{1}{1} + \frac{1}{1}\right]段 = 6\ 段$$

5）确定工期。由式（4-9）得

$$T = (mr + n - 1) \cdot K + \sum Z_1 - \sum C_1 = [(6 \times 2 + 4 - 1) \times 1 + 1 - 0]\ 天 = 16\ 天$$

6）绘制流水施工进度图，如图 4-12 所示。

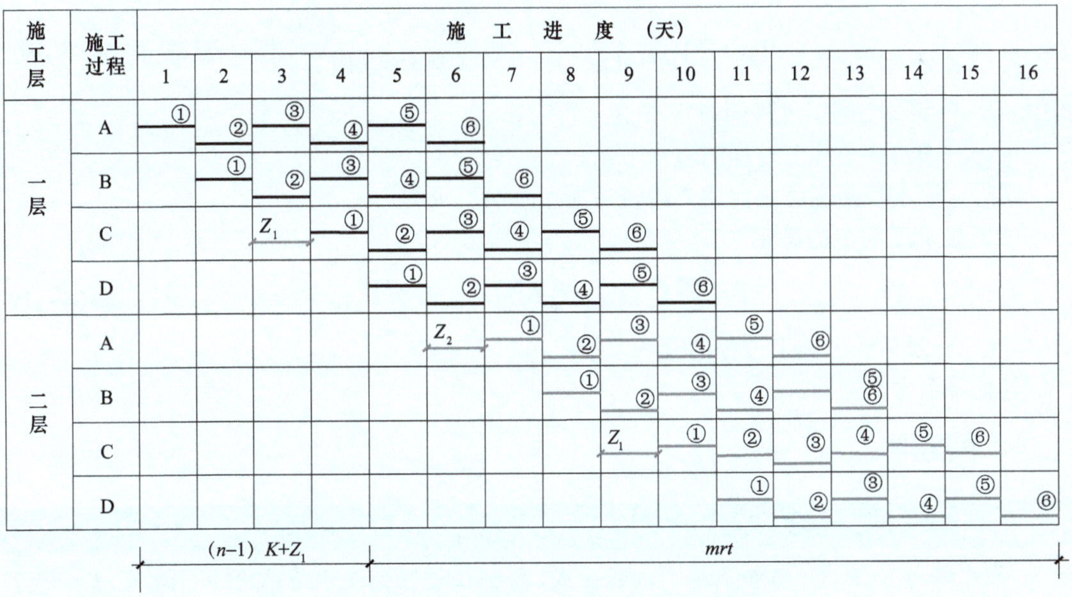

图 4-12　某工程等节奏施工进度计划图（有层间关系）

（四）等节奏流水施工的组织步骤

等节奏流水施工适用于建筑结构较简单，工程规模小，施工过程数不多的工程。常用于组织一个分部工程的流水施工。其组织步骤如下：

1）划分施工过程，应将劳动量小的施工过程合并到相邻施工过程中去，以使各流水节拍相等。

2）确定主要施工过程的专业工作队组人数，计算其流水节拍。

3）根据已定的流水节拍，确定其他施工过程的施工队组人数及其组成。

二、异节奏流水施工

组织施工时，常会遇到同一施工过程在各施工段上的流水节拍相等，但不同施工过程之间的流水节拍不完全相等的流水施工组织方式，称为异节奏流水施工。异节奏流水可分为异步距异节拍流水（一般异节奏流水）和等步距异节拍流水（成倍节拍流水）两种。

（一）异步距异节拍流水施工

异步距异节拍流水是指同一施工过程在各个施工段的流水节拍相等，不同施工过程之间的流水节拍既不相等也不成倍数的流水施工方式。

1．异步距异节拍流水施工的主要特点

1）同一施工过程在各个施工段上的流水节拍相等。

2）不同施工过程之间的流水节拍不全相等。

3）各施工过程之间的流水步距不一定相等。

4）专业工作队组（n_1）数等于施工过程数（n）。

2．异步距异节拍流水施工主要参数的确定

（1）流水步距 $K_{i,i+1}$ 的确定

$$K_{i,i+1} = \begin{cases} t_i & （当\ t_i \leqslant t_{i+1}\ 时） \\ mt_i - (m-1)t_{i+1} & （当\ t_i > t_{i+1}\ 时） \end{cases} \quad (4\text{-}10)$$

式中　t_i——第 i 个施工过程的流水节拍；

t_{i+1}——第 $i+1$ 个施工过程的流水节拍。

此外，流水步距也可由前述"潘特考夫斯基法"求得。

（2）施工工期 T 的确定

$$T = \sum K_{i,i+1} + mt_n + \sum Z_{i,i+1} - \sum C_{i,i+1} \quad (4\text{-}11)$$

式中　t_n——最后一个施工过程的流水节拍；

其他符合含义同前。

3．施工案例

【案例 4-8】

某工程由 A、B、C、D 四个施工过程组成，各施工过程的流水节依次为 t_A=4 天，t_B=3 天，t_C=5 天，t_D=3 天，划分为三个施工段组织流水，且施工过程 B 完成后养护 2 天，下一个

施工过程C才能施工，施工过程C与D之间搭接1天。试确定该工程的各流水步距及工期并绘制流水施工进度表。

解： 1) 判断流水类型。根据题意，本工程可以组织异步距异节拍流水施工（表4-4）。

表4-4 异步距异节拍流水节拍

施工过程＼施工段	一	二	三	
A	4	4	4	相同
B	3	3	3	相同
C	5	5	5	相同
D	3	3	3	相同
	不同	不同	不同	

2) 确定流水步距。根据式（4-10）计算各流水步距如下：

施工过程A，B之间，$t_A > t_B$，因此，$K_{A,B} = mt_A - (m-1)t_B = [3×4-(3-1)×3]$ 天 = 6 天。

施工过程B，C之间，$t_B < t_C$，因此，$K_{B,C} = t_B = 3$ 天。

施工过程C，D之间，$t_C > t_D$，因此，$K_{C,D} = mt_C - (m-1)t_D = [3×5-(3-1)×3]$ 天 = 9 天。

3) 确定工期。由式（4-11）得

$$T = \sum K_{i,i+1} + mt_n + \sum Z_{i,i+1} - \sum C_{i,i+1}$$

= [（6+3+9）+3×3+2-1] 天 = 28 天

4) 绘制流水施工进度图，如图4-13所示。

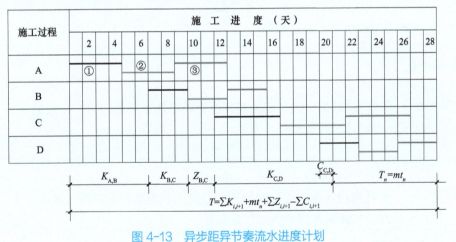

图4-13 异步距异节奏流水进度计划

与等节奏流水相比，异步距异节奏流水在进度安排上更灵活，应用范围上更广泛，适用于施工段大小相等的单位或分部工程。组织异步距异节奏流水施工时，要求各专业工作队组在保证工艺顺序的前提下，尽可能依次在各施工段上连续施工，允许出现空闲施工段，但不允许多个专业工作队组在同一施工段交叉作业。

（二）等步距异节拍流水施工

组织流水施工时，如果同一施工过程在各施工段上的流水节拍彼此相等，不同施工过程在同一施工段上的流水节拍彼此不等，但相互之间存在整倍数的关系，这样的流水施工方式称为等步距异节拍流水，又称为成倍节拍流水。

此时，对流水节拍长的施工过程，在资源供应满足的前提下，可以组织几个同工种的专业工作队组来完成同一施工过程在不同施工段上的任务，从而就形成一个类似于等节奏流水的等步距异节奏专业流水施工方案，以加快流水施工速度，缩短工期。

1. 等步距异节拍流水施工的主要特点

1）同一施工过程在各个施工段上的流水节拍相等。
2）不同施工过程在同一施工段上的流水节拍不相等，但相互间存在公约数关系。
3）流水步距彼此相等，且等于流水节拍的最大公约数。
4）专业工作队数大于施工过程数，即 $n_1 \geqslant n$。
5）各专业工作队都能够保证连续施工，施工段没有空闲。

2. 成倍节拍流水施工主要参数的确定

（1）流水步距的确定

$$K_{i,i+1}=K_b \tag{4-12}$$

式中　K_b——各流水节拍的最大公约数。

（2）专业工作队组数的确定

$$b_i = \frac{t_i}{K_b} \tag{4-13}$$

$$n_1 = \sum b_i \tag{4-14}$$

式中　b_i——某施工过程所需专业队组数；
　　　n_1——专业队组总数；
其他符合意义同前。

（3）施工段数（m）的确定

1）无层间关系时，满足划分施工段的基本原则确定施工段数即可，一般取 $m=n_1$。
2）有层间关系时，施工段数的最小值按式（4-15）确定

$$m = n_1 + \frac{\sum Z_1}{K_b} + \frac{Z_2}{K_b} \tag{4-15}$$

式中　$\sum Z_1$——一个楼层内各施工过程的技术间歇时间和组织间歇时间之和；
　　　Z_2——层间技术间歇时间和组织间歇时间
其他符号意义同前。

（4）施工工期 T 的确定
1）无层间关系时

$$T = (m + n_1 - 1)K_b + \sum Z_{i,i+1} - \sum C_{i,i+1} \tag{4-16}$$

2）有层间关系时

$$T = (mr + n_1 - 1)K_b + \sum Z_1 - \sum C_1 \tag{4-17}$$

式中　r——施工层数；

其他符合含义同前。

3. 施工案例

无层间关系的案例：

【案例 4-9】

拟建四幢大板结构房屋，施工过程为：基础、结构安装、室内装修和室外工程。每幢房屋为一个施工段。各施工过程的流水节拍见表 4-5，试组织该项目的流水施工。

表 4-5　某工程各施工过程流水节拍

施工过程	基础	结构安装	室内装饰	室外工程
流水节拍（天）	5	10	10	5

解：1）判断流水类型。根据题意，本工程可以组织等步距异节拍流水施工，且无层间关系。

表 4-6　等步距异节拍流水节拍

施工过程＼施工段	①	②	③	④	
基础	5	5	5	5	相同
结构安装	10	10	10	10	相同
室内装饰	10	10	10	10	相同
室外工程	5	5	5	5	相同
	不同 最大公约数是5	不同 最大公约数是5	不同 最大公约数是5	不同 最大公约数是5	

2）确定流水步距。根据式（4-12）计算各流水步距为

$$K_{i,i+1}=K_b=5 \text{ 天}$$

3）确定施工队组数。根据式（4-13），得

基础的施工队组数：$b_i = \dfrac{t_i}{K_b} = \dfrac{5}{5}$ 队 = 1 队。

结构安装的施工队组数：$b_i = \dfrac{t_i}{K_b} = \dfrac{10}{5}$ 队 = 2 队。

室内装饰的施工队组数：$b_i = \dfrac{t_i}{K_b} = \dfrac{10}{5}$ 队 = 2 队。

室外工程的施工队组数：$b_i = \dfrac{t_i}{K_b} = \dfrac{5}{5}$ 队 = 1 队。

因此根据式（4-14），专业队组总数为

$$n_1 = \sum b_i = (1+2+2+1) \text{ 队} = 6 \text{ 队}$$

4）确定流水工期。由式（4-16）得

$$T = (m + n_1 - 1)K_b + \sum Z_{i,i+1} - \sum C_{i,i+1}$$
$$= [(4+6-1) \times 5 + 0 - 0] \text{ 天} = 45 \text{ 天}$$

5）绘制流水施工进度表，如图 4-14 所示。

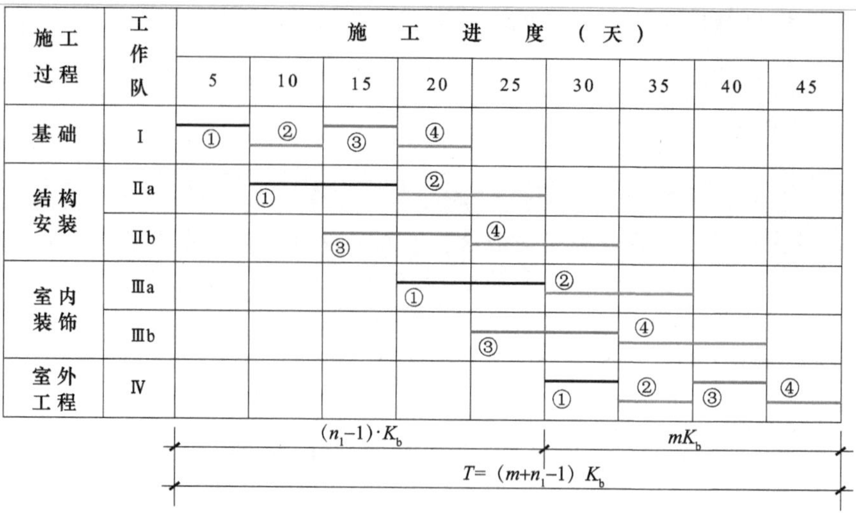

施工过程	工作队	施工进度（天）								
		5	10	15	20	25	30	35	40	45
基础	Ⅰ	①	②	③	④					
结构安装	Ⅱa		①		②					
	Ⅱb			③		④				
室内装饰	Ⅲa				①		②			
	Ⅲb					③		④		
室外工程	Ⅳ						①	②	③	④

图 4-14 等步距异节奏流水进度计划

有层间关系的案例：

【案例 4-10】

某二层建筑由 A、B、C 三个施工过程组成，其流水节拍分别为 $t_A=2$ 天，$t_B=2$ 天，$t_C=4$ 天。其中，施工过程 A、B 之间有 2 天的技术间歇时间，层间技术间歇为 2 天。为保证专业工作队组连续作业，试确定施工段数、工期并绘制流水施工进度表。

解： 1）判断流水类型。根据题意，本工程可以组织等步距异节拍流水施工，且存在层间关系。

2）确定流水步距。根据式（4-12）计算各流水步距为

$$K_{i,i+1}=K_b=2 \text{ 天}$$

3）确定施工队组数。根据式（4-13），得

A 的施工队组数：$b_i = \dfrac{t_i}{K_b} = \dfrac{2}{2}$ 队 =1 队；

B 的施工队组数：$b_i = \dfrac{t_i}{K_b} = \dfrac{2}{2}$ 队 =1 队；

C 的施工队组数：$b_i = \dfrac{t_i}{K_b} = \dfrac{4}{2}$ 队 =2 队；

因此根据式（4-14），专业队组总数为

$$n_1 = \sum b_i = (1+1+2) \text{ 队} = 4 \text{ 队}$$

4）确定施工段数。根据式（4-15）可得

$$m = n + \dfrac{\sum Z_1}{K_b} + \dfrac{Z_2}{K_b} = \left(4 + \dfrac{2}{2} + \dfrac{2}{2}\right) \text{ 段} = 6 \text{ 段}$$

5）确定流水工期。由式（4-17）得

$$T = (mr + n_1 - 1)K_b + \sum Z_1 - \sum C_1$$

=[(6×2+4−1)×2+2−0]天 =32天

6）绘制流水施工进度表，如图4-15、图4-16所示。

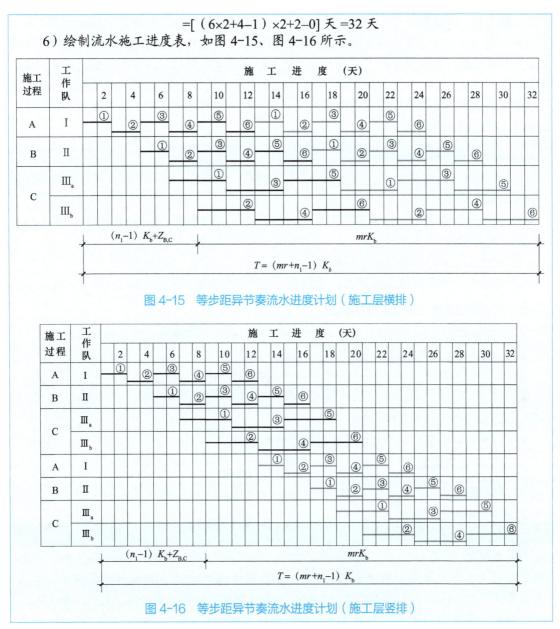

图4-15 等步距异节奏流水进度计划（施工层横排）

图4-16 等步距异节奏流水进度计划（施工层竖排）

等步距异节拍流水比较适用于线性工程（道路工程或管道工程等）的施工组织。结合施工对象的特点和施工要求划分施工过程；然后根据各施工过程的内容、要求和工作量，计算每个施工段所需的劳动量；接着根据专业队组人数及组成，确定劳动量最小的施工过程的流水节拍；最后确定其他施工过程的流水节拍，用调整专业工作队组人数或其他技术组织措施的方法，使各施工过程的流水节拍值之间存在一个最大公约数。事实上，房屋建筑工程中也常常组织等步距异节拍流水。

三、无节奏流水施工

在实际工程中，由于各施工过程的性质、劳动量和复杂程度不同，或是机械、人力和工作面的限制，或是各专业工作队组的生产效率差别致使不同施工过程之间的流水节拍不一定相等，同一施工过程在各施工段上的流水节拍也不一定相等。在这种情况下，往往利用流水施工的基本概念，在保证施工工艺、满足施工顺序要求的前提下，按照一定的计算方法，确定相邻专业工作队之间的流水步距，使其在开工时间上最大限度地、合理地搭接起来，形成每个专业工作队能连续作业的流水施工方式，称为无节奏流水施工，也称为分别流水。它是流水施工的普遍形式。

1. 无节奏流水施工的主要特点

1）不同施工过程在同一施工段上的流水节拍不一定相等，每一个施工过程在各施工段上的流水节拍不尽相等。

2）每一个施工过程的施工速度不尽相等，因此，两相邻施工过程的流水步距也不尽相等，甚至差异很大。

3）专业工作队组数等于施工过程数，即 $n_1=n$。

4）各专业工作队组能连续施工，个别施工段可能有空闲。

2. 无节奏流水施工主要参数的确定

（1）确定流水步距　通常，采用"累加数列法"确定无节奏流水施工的流水步距。

（2）确定流水施工工期

$$T = \sum K_{i,i+1} + \sum t_n + \sum Z_{i,i+1} - \sum C_{i,i+1} \tag{4-18}$$

式中　$\sum K_{i,i+1}$ ——流水步距之和；

$\sum t_n$ ——最后一个施工过程的流水节拍之和。

其他符合意义同前。

3. 施工实例

【案例 4-11】

某工程有 A、B、C、D、E 五个施工过程。施工时在平面上划分成四个施工段，每个施工过程在各个施工段上的流水节拍见表 4-7。规定施工过程 B 完成后，其相应施工段至少养护 2 天；施工过程 D 完成后，其相应施工段留有 1 天的准备时间。为了尽早完工，允许施工过程 A 与 B 之间搭接施工 1 天，试编制流水施工方案。

表 4-7　某工程各施工过程在各施工段上的流水节拍

施工段 \ 施工过程	A	B	C	D	E
①	3	1	2	4	3
②	2	3	1	2	4
③	2	5	3	3	2
④	4	3	5	3	1

解: 1) 判断流水类型。根据题意，本工程只能组织无节奏流水施工。

2) 确定流水步距。采用"累加数列法"计算各流水步距如下：

① 求的累加数列。

$$A: 3, 5, 7, 11$$
$$B: 1, 4, 9, 12$$
$$C: 2, 3, 6, 11$$
$$D: 4, 6, 9, 12$$
$$E: 3, 7, 9, 10$$

② 确定流水步距。

$K_{A,B}$:

$$\begin{array}{r} 3, 5, 7, 11 \\ -)1, 4, 9, 12 \\ \hline 3, 4, 3, 2, -12 \end{array}$$

得　　　　　　　　　$K_{A,B} = \max\{3, 4, 3, 2, -12\}$ 天 = 4 天

$K_{B,C}$:

$$\begin{array}{r} 1, 4, 9, 12 \\ -)2, 3, 6, 11 \\ \hline 1, 2, 6, 6, -11 \end{array}$$

得　　　　　　　　　$K_{B,C} = \max\{1, 2, 6, 6, -11\}$ 天 = 6 天

$K_{C,D}$:

$$\begin{array}{r} 2, 3, 6, 11 \\ -)4, 6, 9, 12 \\ \hline 2, -1, 0, 2, -12 \end{array}$$

得　　　　　　　　　$K_{C,D} = \max\{2, -1, 0, 2, -12\}$ 天 = 2 天

$K_{D,E}$:

$$\begin{array}{r} 4, 6, 9, 12 \\ -)3, 7, 9, 10 \\ \hline 4, 3, 2, 3, -10 \end{array}$$

得　　　　　　　　　$K_{D,E} = \max\{4, 3, 2, 3, -10\}$ 天 = 4 天

3) 确定流水计划工期。由式（4-18）可得

$$T = (mr + n_1 - 1)K_b + \sum Z_1 - \sum C_1$$
$$= [(6\times2+4-1)\times2+2-0] \text{ 天} = 32 \text{ 天}$$

$$T = \sum K_{i,i+1} + \sum t_n + \sum Z_{i,i+1} - \sum C_{i,i+1}$$
$$= [(4+6+2+4)+(3+4+2+1)+(2+1)-1] \text{ 天} = 28 \text{ 天}$$

4) 绘制流水施工进度表，如图 4-17 所示。

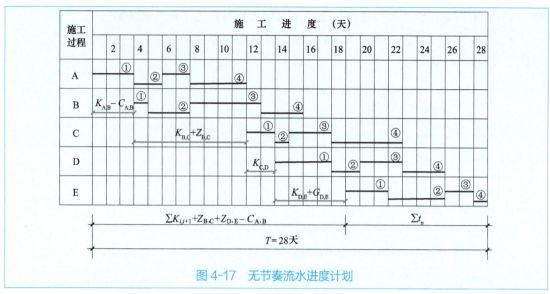

图 4-17 无节奏流水进度计划

无节奏流水在进度安排上灵活自由，只要保证各施工过程的工艺顺序合理，各专业工作队组尽可能连续施工即可，因此应用面广。组织无节奏流水的关键在于正确计算流水步距。合理的流水步距使得前后专业工作队组之间的工作紧密衔接，在各施工段内互不干扰，保证了连续作业。

单元四 流水施工组织实例

一、实例工程概况

某学院四层教学楼，总建筑面积 $4145m^2$，建筑物长 52m，宽 20.8m，总高度 15m，第一层层高 4.2m，二层以上层高为 3.6m，由基础、主体、屋面和装修四个分部工程组成。其中，基础为钢筋混凝土独立基础；主体为现浇钢筋混凝土框架结构；屋面用 200mm 厚加气混凝土块做保温层，上覆 SBS 改性沥青防水层；装修工程为铝合金窗，胶合板门，内墙为中级抹灰，建筑涂料刷白，底层采用悬吊式顶棚，楼地面贴地板砖，外墙贴面砖。其劳动量见表 4-8。

表 4-8 某四层教学楼劳动量一览表

序号	分项工程名称	劳动量（工日）	施工班组人数（人）	班制数
	基础工程			
1	基槽挖土	300	1（台）	2
2	混凝土垫层	38	20	1
3	基础扎筋（含侧模）	59	10	1
4	基础模板	90	15	1
5	基础混凝土	118	20	1
6	回填土	170	28	1
	主体工程			
7	脚手架	258		
8	柱筋	106	13	1
9	模板	1542	25	2

(续)

序号	分项工程名称	劳动量（工日）	施工班组人数（人）	班制数
10	柱混凝土	223	15	2
11	梁板筋	514	25	2
12	梁板混凝土	680	25	3
13	拆模	328	20	1
14	砌墙	936	40	1
屋面工程				
15	屋面隔热层	198	40	1
16	屋面找平层	92	30	1
17	屋面防水层	116	30	1
装修工程				
18	顶棚墙面中级抹灰	1098	45	1
19	楼地面及楼梯地砖	564	30	1
20	顶棚龙骨吊顶	128	13	1
21	铝合金窗扇安装	161	10	1
22	胶合板门	192	12	1
23	油漆、涂料	354	22	1
24	其他			

二、实例流水组织要求

本工程是由基础、主体、屋面、装修等四个分部工程组成，因其各分部工程劳动量差异较大，应采用无节奏流水法，试组织本工程主体工程和装饰工程的流水施工。

三、实例的流水组织解析

（一）主体工程

1. 组织思路

主体施工过程主要包括：脚手架、柱筋、模板、柱混凝土、梁板筋、梁板混凝土、拆模和砌墙八项。其中，脚手架、拆模板和砌墙三项平行穿插施工，根据施工工艺尽量搭接施工即可，不参与流水。

考虑到本工程存在层间关系，若想保证各专业工作队组连续作业不窝工，必须使每层的施工段数大于或等于其施工过程数，即 $m \geq n$。此处 $n=5$，则 m 应取大于等于5，事实上根据工程实践，本工程的规模在水平面上划分2个施工段即可。这时可以模板为主导施工过程，其他四项次要施工过程综合为一个施工过程来考虑，且综合施工过程的流水节拍不大于主导施工过程流水节拍，以保证主导施工过程的连续性即可。因此，本工程每层分两个施工段，分主导施工过程和综合施工过程两个施工过程，即：$m=n=2$。

2．参数计算

1）根据式（4-4），从表格 4-8 查找数据，计算参与流水的施工过程流水节拍。

① 主导施工过程——模板

$$t_{模板} = \frac{P_i}{R_i \cdot N_i} = \frac{1542}{4 \times 2 \times 25 \times 2} 工日 = 3.86 工日，取 t_{模板} = 4 工日。$$

② 综合施工过程——柱筋、柱混凝土、梁板筋和梁板混凝土

柱筋：$t_{柱筋} = \frac{P_i}{R_i \cdot N_i} = \frac{106}{4 \times 2 \times 13 \times 1} 工日 = 1.02 工日，取 t_{柱筋} = 1 工日。$

柱混凝土：$t_{柱混凝土} = \frac{P_i}{R_i \cdot N_i} = \frac{223}{4 \times 2 \times 15 \times 2} 工日 = 0.93 工日，取 t_{柱混凝土} = 1 工日。$

梁板筋：$t_{梁板筋} = \frac{P_i}{R_i \cdot N_i} = \frac{514}{4 \times 2 \times 25 \times 2} 工日 = 1.29 工日，取 t_{梁板筋} = 1 工日。$

梁板混凝土：$t_{梁板混凝土} = \frac{P_i}{R_i \cdot N_i} = \frac{680}{4 \times 2 \times 25 \times 3} 工日 = 1.13 工日，取 t_{梁板混凝土} = 1 工日。$

因此，综合施工过程的流水节拍为（1+1+1+1）天 =4 天，主导施工过程（模板）的流水节拍也是 4 天，可以组织全等节拍流水。

2）计算参与主体流水的施工过程工期

$$T = (mr+n-1)t$$
$$= [(2 \times 4 + 2 - 1) \times 4] 天 = 36 天$$

3）不参与流水的施工过程流水节拍如下：

拆模：$t_{拆模} = \frac{P_i}{R_i \cdot N_i} = \frac{329}{4 \times 2 \times 20 \times 1} 工日 = 2.05 工日，取 t_{拆模} = 2 工日。$

砌墙：$t_{砌墙} = \frac{P_i}{R_i \cdot N_i} = \frac{936}{4 \times 2 \times 40 \times 1} 工日 = 2.93 工日，取 t_{砌墙} = 3 工日。$

4）主体工程的工期。考虑到混凝土浇筑 14 天后拆模，主体工程的工期为

$$T_{主体} = (36+14+2+3) 工日 = 55 工日$$

3．绘制主体工程流水进度计划

主体工程流水进度计划如图 4-18 所示。

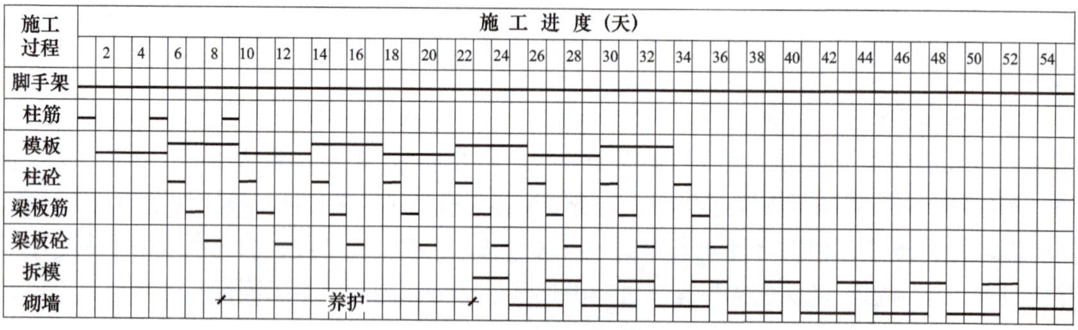

图 4-18 主体工程流水进度计划

（二）装饰工程

1. 组织思路

装饰施工过程主要包括：顶棚墙面中级抹灰、楼地面及楼梯地砖、顶棚龙骨吊顶、铝合金窗扇安装、胶合板门、油漆涂料等。其中，顶棚龙骨吊顶穿插施工，不影响工期计算，不参与流水。考虑到装修工程自上而下的施工起点流向，把每一层视为一个施工段，4层共4个施工段（$m=4$）。

2. 参数计算

（1）计算各个施工过程的流水节拍

1）参与流水的施工过程：

顶棚墙面中级抹灰：$t_{抹灰}=\dfrac{P_i}{R_i \cdot N_i}=\dfrac{1098}{4\times 45\times 1}$ 工日 =6.1 工日，取 $t_{抹灰}$=6 工日。

楼地面及楼梯地砖：$t_{地面}=\dfrac{P_i}{R_i \cdot N_i}=\dfrac{564}{4\times 30\times 1}$ 工日 =4.7 工日，取 $t_{地面}$=5 工日。

铝合金窗扇安装：$t_{窗}=\dfrac{P_i}{R_i \cdot N_i}=\dfrac{161}{4\times 10\times 1}$ 工日 =4.03 工日，取 $t_{窗}$=4 工日。

胶合板门：$t_{门}=\dfrac{P_i}{R_i \cdot N_i}=\dfrac{192}{4\times 12\times 1}$ 工日 =4.0 工日，取 $t_{门}$=4 工日。

油漆、涂料：$t_{油漆}=\dfrac{P_i}{R_i \cdot N_i}=\dfrac{354}{4\times 22\times 1}$ 工日 =4.02 工日，取 $t_{油漆}$=4 工日。

2）不参与流水的施工过程：

顶棚龙骨吊顶：$t_{吊顶}=\dfrac{P_i}{R_i \cdot N_i}=\dfrac{128}{13\times 1}$ 工日 =9.85 工日，取 $t_{吊顶}$=10 工日。

因此，本工程采用异节奏流水施工

（2）计算各流水步距

抹灰与地面之间，因为 $K_{抹灰}>K_{地面}$，根据式（4-10）可得

$$K_{抹灰、地面}=mt_i-(m-1)t_{i+1}=[4\times 6-(4-1)\times 5] \text{工日} =9 \text{工日}$$

地面与窗之间，因为 $K_{地面}>K_{窗}$，根据式（4-10）可得：

$$K_{地面、窗}=mt_i-(m-1)t_{i+1}=[4\times 5-(4-1)\times 4] \text{工日} =8 \text{工日}$$

窗与门之间，因为 $K_{窗}=K_{门}$，根据式（4-10）可得：

$$K_{窗、门}=t_i=4 \text{工日}$$

门与油涂之间，因为 $K_{门}=K_{油漆}$，根据式（4-10）可得：

$$K_{门、油漆}=t_i=4 \text{工日}$$

（3）计算装饰工程工期　考虑到顶棚龙骨吊顶穿插施工，装饰工程的工期为

$$T_{装饰}=\sum K_{i,i+1}+mt_n=[(9+8+4+4)+4\times 4] \text{工日} =41 \text{工日}$$

3. 绘制装饰工程流水进度计划

装饰工程流水进度计划如图4-19所示。

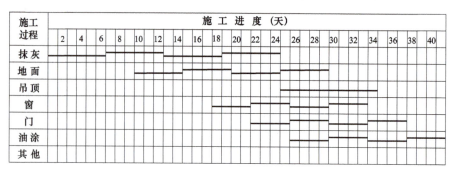

图 4-19 装饰工程流水进度计划

本模块在了解建筑施工组织方式、组织条件和表达方式的基础上,深入学习了流水施工的基本参数及其计算方法;根据时间参数的不同特点将流水施工分为无节奏流水施工和有节奏流水施工两大类。然后根据各类流水施工的主要特点组织流水施工,绘制流水施工进度计划横道图,并将其灵活应用于小型工程或分部工程流水施工的组织。

● 能力训练 ●

一、单项选择题

1. 流水施工的科学性和技术经济效果的实质是（　　）。
   A. 实现了机械化生产　　　　　　　B. 合理利用了工作面
   C. 合理利用了工期　　　　　　　　D. 实现了连续均衡施工

2. 在组织流水施工时,空间参数不包括（　　）。
   A. 工作面　　　　　　　　　　　　B. 流水步距
   C. 施工段数　　　　　　　　　　　D. 施工层数

3. 在组织流水施工时,某一施工过程的专业工作队组在一个施工段上完成相应的施工任务所需要的工作延续时间称为（　　）,通常用 t_i 表示。
   A. 流水节拍　　　　　　　　　　　B. 流水步距
   C. 平行搭接时间　　　　　　　　　D. 最小持续时间

4. 在组织流水施工时,以下哪一项属于技术间歇时间?（　　）
   A. 墙体砌筑前的墙身位置弹线　　　B. 施工人员、机械转移
   C. 回填土前地下管道检查验收　　　D. 混凝土浇筑后的养护时间

5. 某分部工程分 A,B,C 三个施工过程,各分为 4 个流水节拍相等的施工段,各施工过程的流水节拍分别为 6、6、4 天。如果组织等步距异节奏流水施工,则流水步距和流水施工工期分别为（　　）天。
   A. 2 和 22　　　　B. 2 和 30　　　　C. 4 和 28　　　　D. 4 和 36

二、多项选择题

1. 施工组织方式是指对工程系统内所有生产要素进行合理安排，以最佳的方式结合，使其形成一个协调的系统，从而达到作业时间省、资源耗费低、产品和服务质量优的目标。常见施工组织方式有（　　）。

　　A．依次施工　　　　　　　　　B．平行施工
　　C．连续施工　　　　　　　　　D．流水施工
　　E．间断施工

2. 考虑到建筑产品固定和体积庞大等特性，组织流水施工时，我们需要提前做好哪些工作？（　　）

　　A．划分施工段（m）和施工层（r）
　　B．主要施工过程必须连续均衡的施工
　　C．每个施工过程不必组织独立的专业施工队组
　　D．划分施工过程（n）
　　E．不同施工过程尽可能组织平行搭接施工

3. 在组织流水施工时，用以表达建设项目各施工过程在施工工艺上的开展顺序及其特征的参数称为工艺参数。通常包括（　　）和（　　）两种。

　　A．施工过程数　　　　　　　　B．施工段数
　　C．施工层数　　　　　　　　　D．流水节拍
　　E．流水强度

4. 确定一个施工过程必要的工作面时，需考虑以下哪些因数？（　　）

　　A．相应工种单位时间内的产量定额
　　B．前一施工过程为这个施工过程可能提供的工作
　　C．安全技术规程
　　D．施工技术规范
　　E．个别技术突出工人的要求

三、判断题（判断下列各题是否正确。正确的打"√"，错误的打"×"。）

1. 流水施工为文明施工和现场科学管理创造了有利条件。　　　　　　（　　）
2. 根据工艺性质不同，施工过程分为制备类施工过程和砌筑安装类施工过程两种。
　　　　　　　　　　　　　　　　　　　　　　　　　　　　　　　（　　）
3. 施工过程数要尽量多、细，否则失去指导施工的作用。　　　　　　（　　）
4. 在组织流水施工时，只有用以表达流水施工在平面布置上所处状态的参数，称为空间参数。　　　　　　　　　　　　　　　　　　　　　　　　　　（　　）
5. 当拟建工程同时分层分段施工时，为保证相应的专业工作队在施工段与施工层之间能连续施工，施工段的数目要满足 $m \geq n$。其中，m 代表施工段数，n 代表施工过程数。
　　　　　　　　　　　　　　　　　　　　　　　　　　　　　　　（　　）

四、简答题

1. 依次施工有哪些特点？
2. 平行施工有哪些特点？

实训项目

项目的进度控制分析（流水施工）

一、实训目的

通过本单元的学习，要求学员能够做到：

1．了解流水施工组织方法原理。
2．掌握流水施工的分类及表达方式。
3．掌握流水施工的主要参数计算。
4．掌握流水施工组织方式。

通过对背景材料的研读，采用适当的施工组织方式，熟练的计算出流水施工的基本参数并绘制流水施工进度计划横道图。

二、实训内容

背景：参见项目四（流水施工组织实例）

三、实训要求

1．认真学习实例中主体工程与装饰工程的流水组织，熟悉流水施工组织方式及相关参数的计算及流水施工进度计划横道图的绘制。

2．从网络上查找并学习相似工程，试组织本工程基础工程、屋面工程流水施工。

3．将班级同学分组，每组5人。找出各项工程流水组织的异同；将整个工程的进度计划绘制到一张米格纸上，排出整个工程的流水施工进度计划。

4．每组展示成果时间为10min，由组长上台说明本组使用的比较方法及进行成果展示，并提交一份电子文档（可以是Word文档，也可是PPT文档）。

案例分析

案例1

【背景】某厂区管道安装工程，由甲、乙、丙三个工程量相同的施工段组成，施工内容包括3个分项工程：沟槽开挖、管道安装和土方回填，劳动力与时间安排见表4-9。

表4-9　各施工过程作业班组人数和作业时间

施工过程	作业班组（人/组）	作业时间（d）
沟槽开挖	15	5
管道安装	8	5
土方回填	10	5

【问题】试用三种施工组织方式进行比较。（提示：三种施工组织方式为依次、平行、流水）

案例 2

【背景】 某供热管网安装工程,施工过程为管沟开挖、管道焊接和回填土方分三项,分四个施工段,一班制施工。在某施工段上完成某施工过程所需劳动量(工日数)及每个专业工作队组人数详见表 4-10。

表 4-10　各施工过程在每个施工段上的劳动量　　　　　　　　(单位:工日数)

施工过程＼施工段	一	二	三	四	每班人数
管沟开挖	32	48	48	32	16
管道焊接	20	20	30	30	10
回填土方	36	36	36	36	18

【问题】 计算各施工过程在各施工段上的流水节拍。

案例 3

【背景】 某 3 跨工业厂房安装预制钢筋混凝土屋架,分吊装就位、矫直、焊接加固 3 个工艺流水作业,各工艺作业时间分别为 4 天、2 天、4 天,其中矫直后需稳定观察 3 天才可焊接加固。

【问题】 试组织本工程的流水施工。

案例 4

【背景】 某二层分部工程分为绑钢筋、支模板、浇筑混凝土三个施工过程,其流水节拍分别为 4 天、2 天、4 天。二层施工前,一层混凝土需养护 2 天后才可进行。

【问题】 试组织流水施工。

案例 5

【背景】 某工程包括 A,B,C 三个施工过程,划分为四个施工段,各施工过程在每个施工段上的流水节拍相同,分别为:t_A=3 天,t_B=4 天,t_C=2 天,施工过程 A、B 间搭接一天,施工过程 B、C 间技术间歇 2 天。

【问题】 试组织流水施工。

案例 6

【背景】 某场馆地面工程,分基底垫层、基层、面层和抛光四个工艺过程,按四个分区流水施工,受区域划分和专业人员配置的限制,各工艺过程在四个区域依次施工天数详见表 4-11。

表 4-11　各施工过程流水节拍

施工过程＼施工段	一	二	三	四
垫层	5	4	5	3
基层	4	5	4	5
面层	3	5	3	4
抛光	4	5	3	4

【问题】 试组织流水施工。

模块五

施工进度计划——网络计划技术

学习目标

➢ 了解网络图基本概念、网络图基本原理。
➢ 熟悉网络计划的特点、网络图分类、双代号时标网络计划、单代号网络计划。
➢ 掌握双代号网络计划的绘制、时间参数计算；单代号网络计划的绘制、时间参数计算和网络计划的优化。

建议学时

➢ 20学时

引导案例

背景资料

某市粮食局拟建3个结构形式及规模大小完全相同的粮库，粮库的施工过程主要包括：挖基槽、浇筑混凝土基础、墙板与屋面板吊装、防水等4个过程。根据施工工艺要求，浇筑混凝土基础1周后才能进行墙板与屋面板吊装，各施工过程的流水节拍见下表：

施工过程	挖基槽	浇筑基础	装墙板及屋面	防水
流水节拍（周）	2	4	6	2

【引入问题】

1. 如果按4个专业工作队来组织流水施工，并考虑浇筑基础与吊装墙板之间应有1周的等待时间，应如何组织双代号网络计划和单代号网络计划？

2. 如果适当增加某些专业工作队数，并考虑在浇筑混凝土基础与吊装墙板之间应有1周的等待时间，应如何组织双代号网络计划和单代号网络计划？

3. 如果在施工过程中没有按照此计划进行，将如何进行调整？有哪些方法？

单元一 网络计划技术的基本概念

一、网络图的基本概念

网络计划方法也称统筹法，是利用网络计划进行生产组织与管理的一种方法，用网络图的形式来反映和表达计划的安排。在建筑工程施工中，网络计划方法主要用来编制工程项目施工的进度计划和建筑施工企业的生产计划，并通过对计划的优化、调整和控制，达到缩短工期、提高效率、降低消耗的施工目标。

二、网络图的基本原理

网络计划技术是应用网络图的形式来表述一项工程的各个施工过程的顺序及它们间的相互关系，经过计算分析，找出决定工期的关键工序和关键线路，通过不断改善网络图，得到最优方案，力求以最小的消耗取得最大的效益。

建筑施工进度既可以用横道图表示，也可以用网络图表示，从发展的角度讲，网络图更有优势，因为它具有以下几个特点：

1）组成有机的整体，能全面明确反映各工序间的制约与依赖关系。
2）通过计算，能找出关键工作和关键线路，便于管理人员抓主要矛盾。
3）便于资源调整和利用计算机管理和优化。

网络图也存在一些缺点，如表达不直观，难掌握；不能清晰地反映流水情况、资源需要量的变化情况等。

三、网络计划的分类

1）按照网络图中的节点表达的含义不同，网络计划可分为双代号网络计划和单代号网络计划。

① 双代号网络计划是以一条箭线及其两端节点的编号表示一项工作，并按一定的顺序将各项工作联系在一起的网状图，如图 5-1 所示。

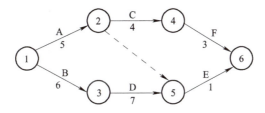

图 5-1　双代号网络计划图

② 单代号网络计划是以一个节点及其编号表示一项工作，以箭线表示顺序的网状图，如图 5-2 所示。

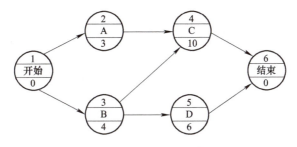

图 5-2　单代号网络计划图

2）按网络计划的性质不同，网络计划可分为实施性网络计划和控制性网络计划。
① 实施性网络计划编制对象是分部分项工程，其施工过程划分较细，工期较短。
② 控制性网络计划编制对象是单位工程，进行总体计划的编制，是实施性网络计划编制的依据。

3）按网络计划时间表达的不同，网络计划可分为时标网络计划和非时标网络计划。

① 时标网络计划：以时间坐标为尺度绘制施工过程的持续时间，箭线在时间坐标的水平投影长度可直接反映施工过程的持续时间。

② 非时标网络计划：工作的持续时间以数字形式标注在箭线下面，箭线的长度与时间无关。

单元二　双代号网络计划

一、双代号网络图的组成

双代号网络图由工作、节点、线路三个基本要素组成。

1. 工作（也称过程、活动、工序）

工作是网络图的组成要素之一，它用一根箭线和两个圆圈来表示，具体表示方法如图 5-3 和图 5-4 所示。

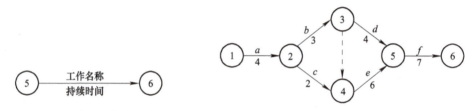

图 5-3　双代号网络表示法　　　图 5-4　双代号网络计划图示例

工作可分为实际存在的工作和虚设工作。只表示相邻工作前后之间逻辑关系的工作通常称其为"虚工作"以虚箭线表示，如图 5-5 所示。

图 5-5　虚工作表示法

2. 节点

在网络图中箭线的出发和交汇处画上圆圈，用以表示该圆圈前面一项或若干项工作的结束和后面一项或若干项工作的开始的时间点称为节点，如图 5-6 所示。

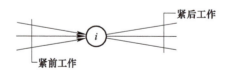

图 5-6　节点（i）示意图

节点表示前面工作的结束和后面工作开始的瞬间，所以节点不需要消耗时间和资源。箭线的箭尾节点表示该工作的开始，箭线的箭头节点表示该工作的结束。根据节点在网络图中的位置不同可分为起点节点、终点节点和中间节点。起点节点是网络图中第一个节点，终点节点是网络图的最后一个节点。节点编号方法可从以下两个方面来考虑：一是箭头节点编号大于箭尾节点编号；二是在一个网络图中，节点编号可以非连续，但不可以重复。

根据节点编号的方向不同可分为两种：一种是沿着水平方向进行编号（图5-7）；另一种是沿着垂直方向进行编号（图5-8）。

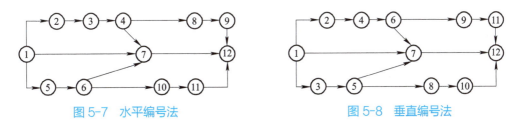

图5-7 水平编号法　　　　　　　　图5-8 垂直编号法

3. 线路

网络图中从起点节点开始，沿箭线方向连续通过一系列箭线与节点，最后到达终点节点的通路称为线路。每一条线路都有自己确定的完成时间，它等于该线路上各项工作持续时间的总和，也是完成这条线路上所有工作的总时间。工期最长的线路，称为关键线路。位于关键线路上的工作称为关键工作，用粗箭线或双箭线连接。

二、双代号网络图的绘制

1. 绘制网络图的基本原则

1）在网络图中，根据施工顺序和施工组织的要求，正确地反映各项工作之间的相互制约和相互依赖关系，这些关系是多种多样的，表5-1列出了常见的几种表示方法。

表5-1 网络图中各项工作逻辑关系表示方法

序号	工作之间的逻辑关系	网络图中表示方法	说明
1	A、B两项工作按照依次施工方式进行	○→A→○→B→○	B工作依赖着A工作，A工作约束着B工作的开始
2	A、B、C三项工作同时开始工作	（A、B、C三条平行箭线）	A、B、C三项工作称为平行工作
3	A、B、C三项工作同时结束	（A、B、C三条平行箭线汇合）	A、B、C三项工作称为平行工作
4	A、B、C三项工作只有在A完成后，B、C才能开始		A工作制约着B、C工作的开始，B、C为平行工作
5	A、B、C三项工作中C工作只有在A、B完成后才能开始		C工作依赖着A、B工作，A、B为平行工作

(续)

序号	工作之间的逻辑关系	网络图中表示方法	说明
6	A、B、C、D 四项工作中只有当 A、B 完成后 C、D 才能开始		通过中间事件 j 正确地表达了 A、B、C、D 之间的关系
7	A、B、C、D 四项工作中，A 完成后 C 才能开始，A、B 完成后 D 才开始		D 与 A 之间引入了逻辑连接（虚工作）只有这样才能正确表达它们之间的约束关系
8	A、B、C、D、E 五项工作中，A、B 完成后 C 开始，B、D 完成后 E 开始		虚工作 ij 反映出 C 工作受到 B 工作的约束；虚工作 ik 反映出 E 工作受到 B 工作的约束
9	A、B、C、D、E 五项工作中，A、B、C 完成后 D 才能开始，B、C 完成后 E 才能开始		虚工作表示 D 工作受到 B、C 工作制约
10	A、B 两项工作分三个施工段，平行施工		每个工种工程建立专业工作队，在每个施工段上进行流水作业，不同工种之间用逻辑搭接关系表示

2）在网络图中，除了整个网络计划的起点节点外，不允许出现没有紧前工作的"尾部节点"，即没有箭线进入的尾部节点，如图 5-9 所示。

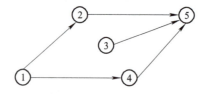

图 5-9 没有紧前工作的"尾部节点"

3）在单目标网络图中，除了整个网络图的终点节点外，不允许出现没有紧后工作的"尽头节点"，即没有箭线引出的节点，如图 5-10 所示。

4）在网络图中严禁出现循环回路，如图 5-11 所示。

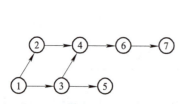

图 5-10 没有紧后工作的"尽头节点"

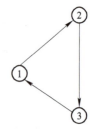

图 5-11 闭合回路示意图

5）在网络图中不允许出现重复编号的箭线，如图 5-12 所示。

6）在网络图中不允许出现没有箭尾节点的工作，如图 5-13 所示。

图 5-12 重复编号工作示意图　　图 5-13 无箭尾节点工作示意图

7）在网络图中不允许出现没有箭头节点的工作。

8）在网络图中不允许出现带有双向箭头或无箭头的工作。

9）在双代号网络图中的某些节点有多条外向箭线或多条内向箭线时，在保证一项工作有唯一的一条箭线和对应的一对节点编号前提下，允许使用母线法绘制。

2．绘制网络图应注意的问题

1）网络图的布局要条理清楚，重点突出如图 5-14b 所示。

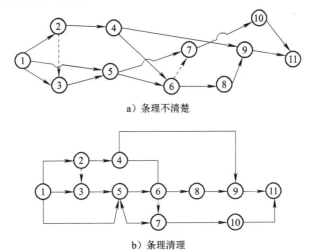

a）条理不清楚

b）条理清理

图 5-14　网络图布置示意图

2）当网络图中不可避免地出现交叉时，不能直接相交画出，如图 5-15a 所示是错的，"过桥法"（图 5-15b）和"指向法"（图 5-15c）则是正确的。

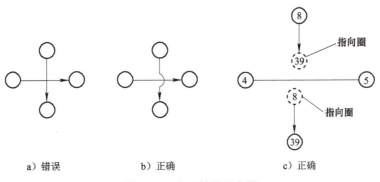

a）错误　　　　b）正确　　　　c）正确

图 5-15　交叉箭线示意图

3) 网络图中的"断路法"网络图中对于不发生逻辑关系的工作容易产生错误。例如某现浇钢筋混凝土分部工程有支模、扎筋、浇筑三项工作，分三段施工，该工程的网络图如果绘制成图 5-16 所示的形式有所不妥。这种情况应以虚箭线加以处理，如图 5-17 所示，这种方法称为"断路法"。

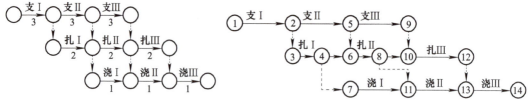

图 5-16　某双代号网络图　　　　　图 5-17　横向断路法示意图

4) 建筑施工进度网络图的排列方法　为了使网络计划更形象而清楚地反映出建筑工程施工特点，绘图时可根据不同的工程情况、不同的施工组织方法，使各工作在工艺和组织上的逻辑关系准确而清楚。如果为突出表示工种的连续作，可以用"按工种排列法"，如图 5-17 所示。如果为突出表示工作面的连续或者工作队的连续，可以用"按施工段排列法"，如图 5-18 所示。如果在流水施工中，若干个不同工种工作，沿着建筑物的楼层开展时，可以用"按楼层排列法"，如图 5-19 所示。

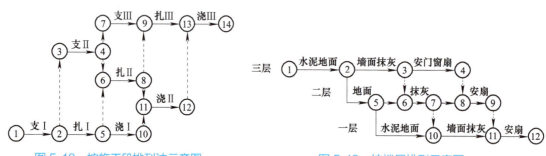

图 5-18　按施工段排列法示意图　　　　　图 5-19　按楼层排列示意图

三、双代号网络计划时间参数的计算

网络计划时间参数主要内容有各个节点的最早时间和最迟时间；各项工作的最早开始时间、最早完成时间、最迟开始时间、最迟完成时间；各项工作的有关时差以及关键线路的持续时间。

时间参数的计算方法很多，本书仅介绍工作计算法和节点计算法。

1. 工作计算法

为了便于理解，举例说明一下，某一网络图由 h、i、j、k 四个节点和 $h\text{-}i$、$i\text{-}j$ 及 $j\text{-}k$ 等三项工作组成，如图 5-20 所示。

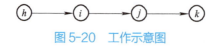

图 5-20　工作示意图

从图 5-20 中可以看出，$i\text{-}j$ 代表一项工作，$h\text{-}i$ 是它的紧前工作。如果 $i\text{-}j$ 之前有许多工作，$h\text{-}i$ 可理解为由起点节点到 i 节点为止沿箭头方向的所有工作的总和。$j\text{-}k$ 代表它的紧后工作。

如果 j 是终点节点，则 $j–k$ 等于零。如果 $i–j$ 后面有许多工作，$j–k$ 可理解为由 j 节点至终点节点为止的所有工作的总和。

计算时采用下列符号：
ET_i——i 节点的最早时间；　　　　　ET_j——j 节点的最早时间；
LT_i——i 节点的最迟时间；　　　　　LT_j——j 节点的最迟时间；
D_{i-j}——$i–j$ 工作的持续时间；
ES_{i-j}——$i–j$ 工作的最早开始时间；　LS_{i-j}——$i–j$ 工作的最迟开始时间；
EF_{i-j}——$i–j$ 工作的最早完成时间；　LF_{i-j}——$i–j$ 工作的最迟完成时间；
TF_{i-j}——$i–j$ 工作的总时差；
FF_{i-j}——$i–j$ 工作的自由时差。

设网络计划 P 是由 n 个节点所组成，其编号是由小到大（$1 \rightarrow n$），其工作时间参数的计算公式如下：

（1）工作最早开始时间的计算　工作最早开始时间是指各紧前工作全部完成后，本工作有可能开始的最早时刻。工作 $i–j$ 的最早开始时间 ES_{i-j} 的计算符合下列规定：

工作 $i–j$ 的最早开始时间 ES_{i-j} 应从网络计划的起点节点开始，顺箭线方向依次逐项计算；对于第一项工作，当未规定其最早开始时间 ES_{i-j} 时，其值可设为零，即

$$ES_{i-j}=0 \ (i=1) \tag{5-1}$$

当工作只有一项紧前工作时，其最早开始时间应为

$$ES_{i-j}= ES_{h-i}+ D_{h-i} \tag{5-2}$$

式中　ES_{h-i}——工作 $i–j$ 的紧前工作的最早开始时间；
　　　D_{h-i}——工作 $i–j$ 的紧前工作的持续时间。

当工作有多个紧前工作时，其最早开始时间应为

$$ES_{i-j}=\max\{ES_{h-i}+D_{h-i}\} \tag{5-3}$$

（2）工作最早完成时间的计算　工作最早完成时间是指各紧前工作完成后，本工作有可能完成的最早时刻。工作 $i–j$ 的最早完成时间 EF_{i-j} 应按式（5-4）计算

$$EF_{i-j}= ES_{i-j}+D_{i-j} \tag{5-4}$$

（3）网络计划工期的计算　网络计划的计算工期（T_c）是指根据时间参数计算得到的工期，按式（5-5）计算

$$T_c=\max\{EF_{i-n}\} \tag{5-5}$$

式中　EF_{i-n}——以终点节点（$j=n$）为箭头节点的工作 $i–n$ 的最早完成时间。

网络计划的计划工期（T_p）是指按要求工期和计算工期确定的作为实施目标的工期。其计算应按下述规定：

$$规定了要求工期 T_r 时，T_p \leqslant T_r \tag{5-6}$$

$$未规定要求工期 T_r 时，T_p=T_c \tag{5-7}$$

（4）工作最迟完成时间的计算 工作最迟完成时间是指在不影响整个任务按期完成的前提下，工作必须完成的最迟时刻。工作 i–j 的最迟完成时间 LF_{i-j} 应从网络计划的终点节点开始，逆着箭线方向依次逐项计算。

以终点节点（$j=n$）为箭头节点的工作最迟完成时间 LF_{i-n}，应按网络计划的计划工期 T_p 确定，即

$$LF_{i-n}=T_p \tag{5-8}$$

其他工作 i–j 的最迟完成时间 LF_{i-j}，应按式（5-9）计算

$$LF_{i-j}=\min\{LF_{j-k}-D_{j-k}\} \tag{5-9}$$

式中 LF_{j-k}——工作 i–j 的各项紧后工作 j–k 的最迟完成时间；

D_{j-k}——工作 i–j 的各项紧后工作的持续时间。

（5）工作最迟开始时间的计算 工作的最迟开始时间是指在不影响整个任务按期完成的前提下，工作必须开始的最迟时刻。工作 i–j 的最迟开始时间应按式（5-10）计算

$$LS_{i-j}=LF_{i-j}-D_{i-j} \tag{5-10}$$

（6）工作总时差的计算 工作总时差是指在不影响总工期的前提下，本工作可以利用的机动时间。该时间应按式（5-11）或式（5-12）计算

$$TF_{i-j}=LS_{i-j}-ES_{i-j} \tag{5-11}$$

$$TF_{i-j}=LF_{i-j}-EF_{i-j} \tag{5-12}$$

（7）工作自由时差的计算 工作自由时差是指在不影响其紧后工作最早开始时间的前提下，本工作可以利用的机动时间。工作 i–j 的自由时差 FF_{i-j} 的计算应符合下列规定：

当工作 i–j 有紧后工作 j–k 时，其自由时差应为

$$FF_{i-j}=ES_{j-k}-ES_{i-j}-D_{i-j} \tag{5-13}$$

或

$$FF_{i-j}=ES_{j-k}-EF_{i-j} \tag{5-14}$$

式中 ES_{j-k}——工作 i–j 的紧后工作 j–k 的最早开始时间。

以终点节点为箭头节点的工作，其自由时差 FF_{i-n} 应按网络计划的计划工期 T_p 确定，即

$$FF_{i-n}=T_p-ES_{i-n}-D_{i-n} \tag{5-15}$$

或

$$FF_{i-n}=T_p-EF_{i-n} \tag{5-16}$$

（8）关键工作和关键线路的判定 总时差最小的工作为关键工作。

当无规定工期时，$T_c=T_p$，最小总时差为零。

当 $T_c > T_p$ 时，最小总时差为负数。

当 $T_c < T_p$ 时，最小总时差为正数。

自始至终全部由关键工作组成的线路为关键线路，应当用粗线、双线或彩色线标注。

【案例 5-1】

某项目分部工程网络计划如图 5-21，请计算各时间参数。图中箭线下的数字是工作的持续时间，以天为单位。

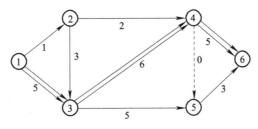

图 5-21 网络计划的计算

解：（1）各项工作最早开始时间和最早完成时间的计算

$ES_{1-2}=0$ $EF_{1-2}=ES_{1-2}+D_{1-2}=0+1=1$ $ES_{1-3}=0$

$EF_{1-3}=ES_{1-3}+D_{1-3}=0+5=5$ $ES_{2-3}=EF_{1-2}=1$ $EF_{2-3}=ES_{2-3}+D_{2-3}=1+3=4$

$ES_{2-4}=EF_{1-2}=1$ $EF_{2-4}=ES_{2-4}+D_{2-4}=1+2=3$

$ES_{3-4}=\max(EF_{1-3}, EF_{2-3})=\max(5, 4)=5$ $EF_{3-4}=ES_{3-4}+D_{3-4}=5+6=11$

$ES_{3-5}=ES_{3-4}=5$ $EF_{3-5}=ES_{3-5}+D_{3-5}=5+5=10$

$ES_{4-5}=\max(EF_{2-4}, EF_{3-4})=\max(3, 11)=11$ $EF_{4-5}=ES_{4-5}+D_{4-5}=11+0=11$

$ES_{4-6}=ES_{4-5}=11$ $EF_{4-6}=ES_{4-6}+D_{4-6}=11+5=16$

$ES_{5-6}=\max(EF_{3-5}, EF_{4-5})=\max(10, 11)=11$ $EF_{5-6}=ES_{5-6}+D_{5-6}=11+3=14$

（2）各项工作最迟开始时间和最迟完成时间的计算

$LF_{5-6}=EF_{4-6}=16$ $LS_{5-6}=LF_{5-6}-D_{5-6}=16-3=13$ $LF_{4-6}=EF_{4-6}=16$

$LS_{4-6}=LF_{4-6}-D_{4-6}=16-5=11$ $LF_{4-5}=LS_{5-6}=13$ $LS_{4-5}=LF_{4-5}-D_{4-5}=13-0=13$

$LF_{3-5}=LS_{5-6}=13$ $LS_{3-5}=LF_{3-5}-D_{3-5}=13-5=8$

$LF_{3-4}=\min(LS_{4-6}, LS_{4-5})=\min(11, 13)=11$ $LS_{3-4}=LF_{3-4}-D_{3-4}=11-6=5$

$LF_{2-4}=\min(LS_{4-6}, LS_{4-5})=\min(11, 13)=11$ $LS_{2-4}=LF_{2-4}-D_{2-4}=11-2=9$

$LF_{2-3}=\min(LS_{3-5}, LS_{3-4})=\min(8, 5)=5$ $LS_{2-3}=LF_{2-3}-D_{2-3}=5-3=2$

$LF_{1-3}=\min(LS_{3-5}, LS_{3-4})=\min(8, 5)=5$ $LS_{1-3}=LF_{1-3}-D_{1-3}=5-5=0$

$LF_{1-2}=\min(LS_{2-3}, LS_{2-4})=\min(2, 9)=2$ $LS_{1-2}=LF_{1-2}-D_{1-2}=2-1=1$

（3）各项工作总时差的计算

$TF_{1-2}=LF_{1-2}-EF_{1-2}=2-1=1$ $TF_{1-3}=LF_{1-3}-EF_{1-3}=5-5=0$

$TF_{2-3}=LF_{2-3}-EF_{2-3}=5-4=1$ $TF_{2-4}=LF_{2-4}-EF_{2-4}=11-3=8$

$TF_{3-4}=LF_{3-4}-EF_{3-4}=11-11=0$ $TF_{3-5}=LF_{3-5}-EF_{3-5}=13-10=3$

$TF_{4-5}=LF_{4-5}-EF_{4-5}=13-11=2$ $TF_{4-6}=LF_{4-6}-EF_{4-6}=16-16=0$

$TF_{5-6}=LF_{5-6}-EF_{5-6}=16-14=2$

（4）各项工作自由时差的计算

$FF_{1-2}=ES_{2-3}-EF_{1-2}=1-1=0$ $FF_{1-3}=ES_{3-4}-EF_{1-3}=5-5=0$

$FF_{2-3}=ES_{3-4}-EF_{2-3}=5-4=1$ $FF_{2-4}=ES_{4-5}-EF_{2-4}=11-3=8$

$FF_{3-4}= ES_{4-5}–EF_{3-4}=11–11=0$ $FF_{3-5}= ES_{5-6}–EF_{3-5}=11–10=1$
$FF_{4-5}= ES_{5-6}–EF_{4-5}=11–11=0$ $FF_{4-6}=T_P–EF_{4-6}=16–16=0$
$FF_{5-6}=T_P–EF_{5-6}=16–14=2$

为了进一步说明总时差和自由时差之间的关系，取出网络图（图5-21）中的一部分，如图5-22所示。从上图可见，工作3-5总时差就等于本工作3-5及紧后工作5-6的自由时差之和。

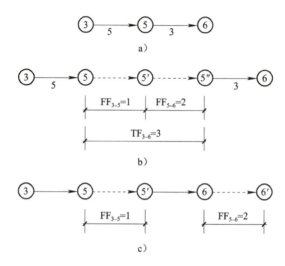

图5-22 总时差与自由时差关系图

$TF_{3-5}= FF_{3-5}+FF_{5-6}=1+2=3$

同时，从图5-22中可见，本工作不仅可以利用自己的自由时差，而且可以利用紧后工作的自由时差（但不得超过本工作总时差）。

由图5-21分析，关键节点为1、3、4、6，关键工作为1—3—4—6。

2．节点计算法（图5-23）

（1）节点最早时间的计算　节点最早时间是指双代号网络计划中，以该节点为开始节点的各项工作的最早开始时间。

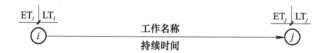

图5-23 按节点计算法的标注内容

起点节点i如未规定最早时间，其值应等于零，即$ET_i=0$（$i=1$） (5-17)

当节点j只有一条内向箭线时，其最早时间应为$ET_j=ET_i+D_{i-j}$ (5-18)

当节点j有多条内向箭线时，其最早时间应为$ET_j=\max\{ET_i+D_{i-j}\}$ (5-19)

（2）网络计划工期的计算

$$T_c=ET_n$$ (5-20)

式中　ET_n——终点节点 n 的最早时间。

网络计划工期 T_p 的确定与工作计算法相同。

（3）节点最迟时间的计算　节点最迟时间是指双代号网络计划中，以该节点为完成节点的各项工作的最迟完成时间。

终点节点上的最迟时间应等于网络计划的计划工期。$LT_n=T_p$　　　　　　　　（5-21）

当节点 i 只有一个外向箭线时，最迟时间为 $LT_i=LT_j-D_{i-j}$　　　　　　　　（5-22）

当节点 i 有多条外向箭线时，其最迟时间为 $LT_i=\min\{LT_j-D_{i-j}\}$　　　　　　（5-23）

（4）工作时间参数的计算

工作 i–j 的最早开始时间 ES_{i-j} 为 $ES_{i-j}=ET_i$　　　　　　　　　　　　　（5-24）

工作 i–j 的最早完成时间 EF_{i-j} 为 $EF_{i-j}=ET_i+D_{i-j}$　　　　　　　　　（5-25）

工作 i–j 的最迟完成时间 LF_{i-j} 为 $LF_{i-j}=LT_j$　　　　　　　　　　　　（5-26）

工作 i–j 的最迟开始时间 LS_{i-j} 为 $LS_{i-j}=LT_j-D_{i-j}$　　　　　　　　　（5-27）

工作 i–j 的总时差 TF_{i-j} 为 $TF_{i-j}=LT_j-ET_i-D_{i-j}$　　　　　　　　　（5-28）

工作 i–j 的自由时差 FF_{i-j} 为 $FF_{i-j}=ET_j-ET_i-D_{i-j}$　　　　　　　　（5-29）

（5）示例　为了进一步理解和应用以上计算公式，现仍以图 5-21 为例说明计算的各个步骤。

1）计算节点最早时间

$ET_1=0$

$ET_2=\max[ET_1+D_{1-2}]=\max[0+1]=1$

$ET_3=\max[ET_1+D_{1-3},\ ET_2+D_{2-3}]=\max[0+5,\ 1+3]=5$

$ET_4=\max[ET_2+D_{2-4},\ ET_3+D_{3-4}]=\max[1+2,\ 5+6]=11$

$ET_5=\max[ET_3+D_{3-5},\ ET_4+D_{4-5}]=\max[5+5,\ 11+0]=11$

$ET_6=\max[ET_4+D_{4-6},\ ET_5+D_{5-6}]=\max[11+5,\ 11+3]=16$

ET_6 是网络图 5-21 终点节点最早可能开始时间的最大值，也是关键线路的持续时间。

2）计算各个节点最迟时间

$ET_6=LT_6=T_c=T_P=16$

$LT_5=\min[LT_6+D_{5-6}]=16-3=13$

$LT_4=\min[LT_5-D_{4-5},\ LT_6-D_{4-6}]=\min[13-0,\ 16-5]=11$

$LT_3=\min[LT_4-D_{3-4},\ LT_5-D_{3-5}]=\min[11-6,\ 13-5]=5$

$LT_2=\min[LT_3-D_{2-3},\ LT_4-D_{2-4}]=\min[5-3,\ 11-2]=2$

$LT_1=\min[LT_2-D_{1-2},\ LT_3-D_{1-3}]=\min[2-1,\ 5-5]=0$

3）计算各项工作最早开始时间和最早完成时间

$ES_{1-2}=ET_1=0$　　　　　$EF_{1-2}=ET_1+D_{1-2}=0+1=1$　　　$ES_{1-3}=ET_1=0$

$EF_{1-3}=ET_1+D_{1-3}=0+5=5$　　$ES_{2-3}=ET_2=1$　　　　$EF_{2-3}=ET_2+D_{2-3}=1+3=4$

$ES_{2-4}=ET_2=1$　　　　　$EF_{2-4}=ET_2+D_{2-4}=1+2=3$　　$ES_{3-4}=ET_3=5$

$EF_{3-4}=ET_3+D_{3-4}=5+6=11$　$ES_{3-5}=ET_3=5$　　　　$EF_{3-5}=ET_3+D_{3-5}=5+5=10$

$ES_{4-5}=ET_4=11$　　　　　$EF_{4-5}=ET_4+D_{4-5}=11+0=11$　$ES_{4-6}=ET_4=11$

$EF_{4-6}= ET_4+D_{4-6}=11+5=16$ $ES_{5-6}= ET_5=11$ $EF_{5-6}= ET_5+D_{5-6}=11+3=14$

4）计算各项工作最迟开始时间和最迟完成时间

$LF_{5-6}= LT_6=16$ $LS_{5-6}= LT_6-D_{5-6}=16-3=13$ $LF_{4-6}= LT_6=16$
$LS_{4-6}= LT_6-D_{4-6}=16-5=11$ $LF_{4-5}= LT_5=13$ $LS_{4-5}= LT_5-D_{4-5}=13-0=13$
$LF_{3-5}= LT_5=13$ $LS_{3-5}= LT_5-D_{3-5}=13-5=8$ $LF_{3-4}= LT_4=11$
$LS_{3-4}= LT_4-D_{3-4}=11-6=5$ $LF_{2-4}= LT_4=11$ $LS_{2-4}= LT_4-D_{2-4}=11-2=9$
$LF_{2-3}= LT_3=5$ $LS_{2-3}= LT_3-D_{2-3}=5-3=2$ $LF_{1-3}= LT_3=5$
$LS_{1-3}= LT_3-D_{1-3}=5-5=0$ $LF_{1-2}= LT_2=2$ $LS_{1-2}= LT_2-D_{1-2}=2-1=1$

5）计算各项工作的总时差

$TF_{1-2}= LT_2-ET_1-D_{1-2}=2-0-1=1$ $TF_{1-3}= LT_3-ET_1-D_{1-3}=5-0-5=0$
$TF_{2-3}= LT_3-ET_2-D_{2-3}=5-1-3=1$ $TF_{2-4}= LT_4-ET_2-D_{2-4}=11-1-2=8$
$TF_{3-4}= LT_4-ET_3-D_{3-4}=11-5-6=0$ $TF_{3-5}= LT_5-ET_3-D_{3-5}=13-5-5=3$
$TF_{4-5}= LT_5-ET_4-D_{4-5}=13-11-0=2$ $TF_{4-6}= LT_6-ET_4-D_{4-6}=16-11-5=0$
$TF_{5-6}= LT_6-ET_5-D_{5-6}=16-11-3=2$

6）计算各项工作的自由时差

$FF_{1-2}=ET_2-ET_1-D_{1-2}=1-0-1=0$ $FF_{1-3}=ET_3-ET_1-D_{1-3}=5-0-5=0$
$FF_{2-3}=ET_3-ET_2-D_{2-3}=5-1-3=1$ $FF_{2-4}=ET_4-ET_2-D_{2-4}=11-1-2=8$
$FF_{3-4}=ET_4-ET_3-D_{3-4}=11-5-6=0$ $FF_{3-5}=ET_5-ET_3-D_{3-5}=11-5-5=1$
$FF_{4-5}=ET_5-ET_4-D_{4-5}=11-11-0=0$ $FF_{4-6}=ET_6-ET_4-D_{4-6}=16-11-5=0$
$FF_{5-6}=ET_6-ET_5-D_{5-6}=16-11-3=2$

7）关键工作和关键线路的确定

在网络计划中总时差最小的工作称为关键工作。本例中由于网络计划的计算工期等于其计划工期，故总时差为零的工作即为关键工作。

$TF_{1-3}=LT_3-ET_1-D_{1-3}=5-0-5=0$ 所以1–3 工作是关键工作
$TF_{3-4}=LT_4-ET_3-D_{3-4}=11-5-6=0$ 所以3–4 工作是关键工作
$TF_{4-6}=LT_6-ET_4-D_{4-6}=16-11-5=0$ 所以4–6 工作是关键工作

将上述各项关键工作依次连起来，就是整个网络图的关键线路，如图5-21中双箭线所示。

四、双代号时标网络计划

1. 双代号时标网络计划的特点

1）时标网络计划中，箭线的长短与时间有关。
2）可直接显示各工作的时间参数和关键线路，而不必计算。
3）由于受到时间坐标的限制，所以时标网络计划不会产生闭合回路。
4）可以直接在时标网络图的下方绘出资源动态曲线，便于分析，平衡调度。
5）由于箭线的长度和位置受时间坐标的限制，因而调整和修改不太方便。

2. 双代号时标网络计划的基本符号

时标网络计划的工作以实箭线表示，虚工作以虚箭线表示，自由时差用波形线表示。

如图 5-24 和图 5-25 所示，是时标计划表的表达方式。

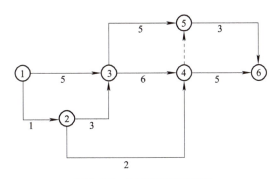

图 5-24　双代号网络计划

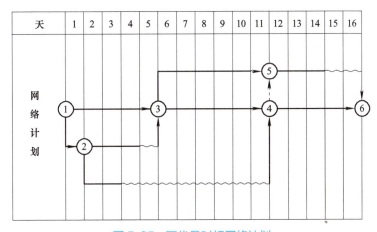

图 5-25　双代号时标网络计划

3．双代号时标网络计划图的绘图要求

1）时间长度是以所有符号在时标表上的水平位置及其水平投影长度表示的，与其所代表的时间值相对应。

2）节点的中心必须对准时标的刻度线。

3）虚工作必须以垂直虚箭线表示，有时差时加波形线表示。

4）时标网络计划宜按最早时间编制，不宜按最迟时间编制。

5）时标网络计划编制前，必须先绘制无时标网络计划。

6）在绘制时标网络计划图可以在以下两种方法中任选一种。

① 先计算无时标网络计划的时间参数（图 5-26），再按该计划在时标表上进行绘制（图 5-27）。

② 不计算时间参数，直接根据无时标网络计划在时标表上进行绘制。

4．双代号时标网络计划关键线路和时间参数的计算

（1）关键线路的确定　自始至终不出现波形线的线路。

图 5-25 中的①—③—④—⑥线路，图 5-27 中的①—②—③—⑤—⑥—⑦—⑨—⑩线路和①—②—③—⑤—⑥—⑧—⑨—⑩线路，用粗线、双线或彩色线标注均可。

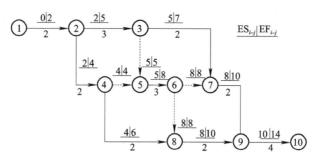

图 5-26 无时标网络计划

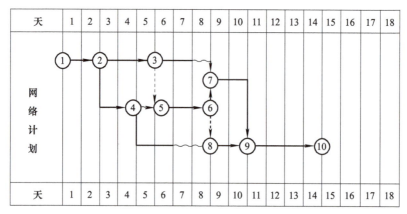

图 5-27 时标网络计划

（2）时间参数的计算

1）计算工期的确定：其终点与起点节点所在位置的时标值差即为时标网络计划的计算工期，如图 5-27 中，计算工期为（14-0）天 =14 天。

2）最早时间的确定：每条箭线尾节点所对应的时标值是工作的最早开始时间，箭线实线部分右端或箭头节点中心所对应的时标值代表的最早完成时间。

3）自由时差的确定：等于其波形线在坐标轴上水平投影的长度，工作③—⑦的自由时差为 1 天。

4）总时差的确定：工作总时差等于其紧后工作总时差的最小值与本工作的自由时差之和。以终点节点（$j=n$）为箭头节点的工作的总时差 TF_{i-j} 按网络计划的计划工期 T_p 计算确定，即

$$TF_{i-n}=T_p-EF_{i-n} \quad (5-30)$$

其他工作的总时差应为

$$TF_{i-j}=\min\{TF_{j-k}+FF_{i-j}\} \quad (5-31)$$

按式（5-30）计算得 TF_{9-10}=（14-14）天 =0（天）

按式（5-31）计算得 TF_{7-9}=0+0=0（天） TF_{3-7}=（0+1）天 =1（天）

TF_{8-9}=0+0=0（天） TF_{4-8}=（0+2）天 =2（天）

TF_{5-6}=min{0+0，0+0} 天 =0（天） TF_{4-5}=（0+1）天 =1（天）

TF_{2-4}=min（2+0，1+0）天 =1（天）

以此类推，可计算出全部工作的总时差值。

计算完成后，如果有必要，可将工作总时差值标注在相应的波形线或实箭线之上，如图 5-28 所示。

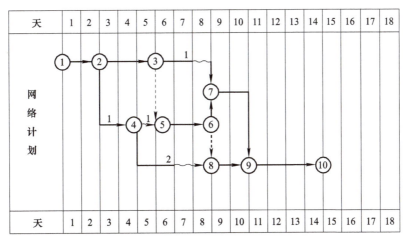

图 5-28　标注总时差的时标网络计划

5）工作最迟时间的计算。由于已知最早开始时间和最早完成时间，又知道了总时差，故其工作最迟时间可用以下公式进行计算

$$LS_{i-j} = ES_{i-j} + TF_{i-j} \quad (5-32)$$

$$LF_{i-j} = EF_{i-j} + TF_{i-j} \quad (5-33)$$

按式（5-32）和式（5-33）进行计算图 5-28，可得

$$LS_{2-4} = ES_{2-4} + TF_{2-4} = （2+1）天 = 3 天$$
$$LF_{2-4} = EF_{2-4} + TF_{2-4} = （4+1）天 = 5 天$$

单元三　单代号网络计划

一、单代号网络计划的组成

1）箭线：表示紧邻工作之间的逻辑关系，箭线应画成水平直线，折线或斜线。

2）节点：单代号网络图中的每个节点表示一项工作，用圆圈或矩形表示。节点所表示的工作名称，持续时间和工作代号等应标注在节点内，如图 5-29 所示。

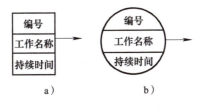

图 5-29　单代号表示法

二、单代号网络图的绘制

1) 单代号网络图中，必须正确表述已定的逻辑关系。
2) 单代号网络图中，严禁出现循环回路。
3) 单代号网络图中，严禁出现双向箭头或无箭头的连线。
4) 单代号网络图中，严禁出现没有箭尾节点的箭线和没有箭头节点的箭线。
5) 绘制单代号网络图时，箭线不宜交叉，当交叉不可避免时可采用过桥法和指向法绘制。
6) 单代号网络计划只应有一个起点节点和一个终点节点。

三、单代号网络计划时间参数的计算

D_i——i 工作的持续时间；　　　　T_p——计划工期；
ES_i——i 工作最早开始时间；　　EF_i——i 工作最早完成时间；
LS_i——i 工作最迟开始时间；　　LF_i——i 工作最迟完成时间；
TF_i——i 工作的总时差；　　　　FF_i——i 工作的自由时差。

1. 最早开始时间的计算

当起点节点 i 的最早开始时间无规定时，其值应为零：$ES_i=0$（$i=1$）　　　　（5-34）

最早开始时间：一项工作（节点）的最早开始时间等于它的各紧前工作的最早完成时间的最大值；如果本工作只有一个紧前工作，那么其最早开始时间就是这个紧前工作的最早完成时间。

j 工作前有多个紧前工作时：$ES_j=\max\{EF_i\}$（$i<j$）　　　　（5-35）

j 工作前只有一个紧前工作时：$ES_j=EF_i$　　　　（5-36）

2. 最早完成时间的计算

一项工作（节点）的最早完成时间就等于其最早开始时间加本工作持续时间的和。

$$EF_j=ES_j+D_j \quad (5-37)$$

当计算到网络图终点时，由于其本身不占用时间，即其持续时间为零，所以

$$EF_n=ES_n=\max\{EF_i\} \quad (i \text{ 为终点节点的紧前工作}) \quad (5-38)$$

3. 最迟完成时间的计算

一项工作的最迟完成时间是指在保证不致拖延总工期的条件下，本工作最迟必须完成的时间，即

$$LF_n=T_p \quad (5-39)$$

式中　T_p——计划工期。

当 $T_p=EF_n$ 时　$LF_n=EF_n$　　　　（5-40）

任一工作最迟完成时间不应影响其紧后工作的最迟开始时间，所以，工作的最迟完成时间等于其紧后工作最迟开始时间的最小值，如果只有一个紧后工作，其最迟完成时间就等于此紧后工作的最迟开始时间：

i 有多项紧后工作时：$LF_i=\min[LS_j]$（$i<j$）　　　　（5-41）

i 只有一个紧后工作时：$LF_i=LS_j$ $(i<j)$ （5-42）

从上面可以看出，最迟完成时间的计算是从终点节点开始逆箭头方向计算的。

4．最迟开始时间 LS_i 的计算

工作的最迟开始时间等于其最迟完成时间减去本工作的持续时间：

$$LS_i=LF_i-D_i \quad (5-43)$$

5．计算时差的计算

工作时差的概念与双代号网络图完全一致，但由于单代号工作在节点上，所以，其表示符号有所不同，其计算式为

总时差： $TF_i=LS_i-ES_i$ （5-44）

自由时差：即不影响紧后工作按最早开始时间时本工作的机动时间。

$$FF_i=\min[ES_j-EF_i] \quad (i<j) \quad (5-45)$$

6．计算相邻两项工作 i 和 j 之间的时间间隔 $LAG_{i,j}$

当终点节点为虚拟节点时，其时间间隔应为：$LAG_{i,n}=T_p-EF_i$ （5-46）

其他节点之间的时间间隔为：$LAG_{i,j}=ES_j-EF_i$ （5-47）

7．关键工作和关键线路的确定

关键工作的确定：总时差最小的工作应为关键工作。

关键线路的确定：从起点节点起到终点节点均为关键工作，且所有工作的时间间隔均为零的线路应为关键线路。该线路在网络图上应用粗线、双线或彩色线标注。

【案例 5-2】

某工程项目分部工程项目进度计划如图 5-30 所示，计算各时间参数，并找出关键线路。

解：（1）计算最早时间

起点节点：$D_{st}=0$　　$ES_{st}=0$　　$EF_{st}=ES_{st}+D_{st}=0$

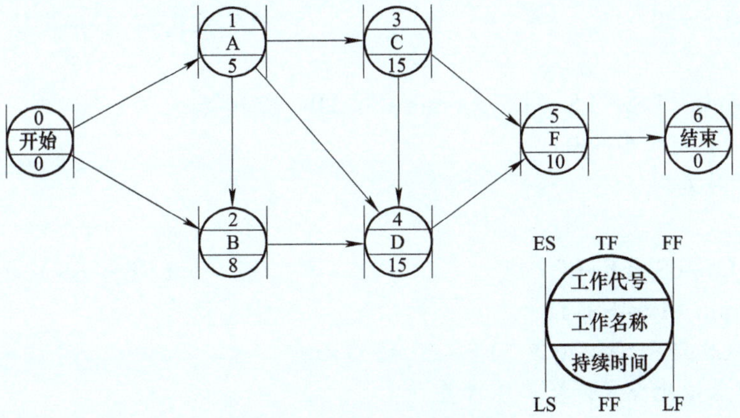

图 5-30　某单代号网络计划

以下根据公式：

$ES_j = \max\{EF_i\}$ $\qquad\qquad$ $EF_j = ES_j + D_j$

A 节点：

$ES_1 = ES_{st} = 0$（A 节点前只有起点节点） $\qquad$ $EF_1 = ES_1 + D_1 = 0 + 5 = 5$

B 节点：

$ES_2 = \max\{ES_{st}, EF_1\} = \max\{0, 5\} = 5$ $\qquad$ $EF_2 = ES_2 + D_2 = 5 + 8 = 13$

C 节点：

$ES_3 = EF_1 = 5$ $\qquad$ $EF_3 = ES_3 + D_3 = 5 + 15 = 20$

D 节点：有三个紧前工作：

$ES_4 = \max\{EF_1, EF_2, EF_3\} = \max\{5, 13, 20\} = 20$

$EF_4 = ES_4 + D_4 = 20 + 15 = 35$

F 节点：

$ES_5 = \max\{EF_3, EF_4\} = \max\{20, 35\} = 35$ $\qquad$ $EF_5 = ES_5 + D_5 = 35 + 10 = 45$

终点节点：

$ES_6 = EF_5 = 45$ $\qquad$ $EF_6 = ES_6 + D_6 = 45 + 0 = 45$

（2）计算工作最迟时间

首先令 $\qquad\qquad T_p = EF_6 = 45$（为计划工期）

所以 $\qquad\qquad LF_6 = LS_6 = EF_6 = 45$

以下根据公式：

$LF_i = \min(LS_j)$ $\qquad\qquad$ $LS_i = LF_i - D_i$

F 节点：

$LF_5 = LS_6 = 45$ $\qquad$ $LS_5 = LF_5 - D_5 = 45 - 10 = 35$

D 节点：

$LF_4 = LS_5 = 35$ $\qquad$ $LS_4 = LF_4 - D_4 = 35 - 15 = 20$

C 节点：

$LF_3 = \min(LS_4, LS_5) = \min(20, 35) = 20$

$LS_3 = LF_3 - D_3 = 20 - 15 = 5$

B 节点：

$LF_2 = LS_4 = 20$ $\qquad$ $LS_2 = LF_2 - D_2 = 20 - 8 = 12$

A 节点：

$LF_1 = \min(LS_3, LS_4, LS_2) = \min(5, 20, 12) = 5$

$LS_1 = LF_1 - D_1 = 5 - 5 = 0$

（3）计算时差

根据公式：

$TF_i = LS_i - ES_i = LF_i - EF_i$ $\qquad\qquad$ $FF_i = \min(ES_j - EF_i)$ 或

$FF_i = \min(ES_j - ES_i - D_i)$

$TF_1 = LS_1 - ES_1 = 0 - 0 = 0$ 或 $= LF_1 - EF_1 = 5 - 5 = 0$

以后各节点依此公式计算其总时差：

$TF_2 = LS_2 - ES_2 = 12 - 5 = 7$ $\qquad\qquad$ $TF_3 = LS_3 - ES_3 = 5 - 5 = 0$

$TF_4=LS_4-ES_4=20-20=0$ $\qquad$ $TF_5=LS_5-ES_5=35-35=0$

各节点的自由时差计算如下:

$FF_1=\min(ES_2-EF_1, ES_3-EF_1, ES_4-EF_1)=\min(5-5, 5-5, 20-5)=0$

$FF_2=ES_4-EF_2=20-13=7$

$FF_3=\min(ES_4-EF_3, ES_5-EF_3)=\min(20-20, 35-20)=0$

$FF_4=ES_5-EF_4=35-35=0$

在本题中,起点节点、终点节点的最早开始和最迟开始是相同的,所以,其总时差为零。同双代号网络图一样,单代号网络图中总时差为零,其自由时差必然为零。

(4)计算时间间隔 计算终点节点为虚拟节点,其时间间隔为 $LAG_{5,6}=45-45=0$。

其他节点的时间间隔根据公式计算为

$LAG_{4,5}=35-35=0$;$LAG_{3,5}=35-20=15$;$LAG_{3,4}=20-20=0$;

$LAG_{2,4}=20-13=7$;$LAG_{1,4}=20-5=15$;$LAG_{1,3}=5-5=0$;

$LAG_{1,2}=5-5=0$;$LAG_{0,2}=5-0=5$;$LAG_{0,1}=0-0=0$。

(5)确定关键工作和关键线路 总时差最小的工作在本例中是总时差为零的工作,这些工作为 St,A,C,D,F,Fin。考虑这些工作之间的时间间隔为零的相连,则构成了关键线路为:St—A—C—D—F—Fin。

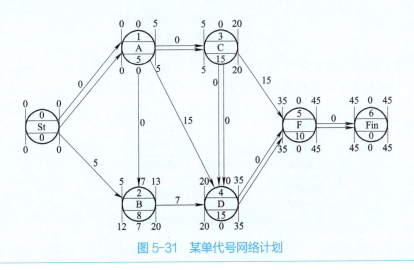

图 5-31 某单代号网络计划

四、单代号搭接网络计划

1. 基本概念

在普通双代号和单代号网络计划中,各项工作按依次顺序进行,即任何一项工作都必须在它的紧前工作全部完成后才能开始。

图 5-32a 以横道图表示相邻的 A、B 两工作,A 工作进行 4 天后 B 工作即可开始,而不必等 A 工作全部完成。这种情况若按依次顺序用网络图表示就必须把 A 工作分为两部分,即 A1 和 A2 工作,以双代号网络图表示如图 5-32b 所示,以单代号网络图表示则如图 5-32c 所示。

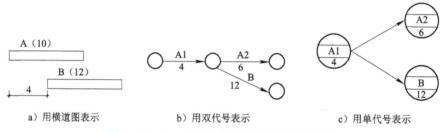

a）用横道图表示　　b）用双代号表示　　c）用单代号表示

图 5-32　A、B 两工作搭接关系的表示方法

但在实际工作中，为了缩短工期，许多工作可采用平行搭接的方式进行。为了简单直接地表达这种搭接关系，使编制网络计划得以简化，于是出现了搭接网络计划方法。单代号搭接网络图如图 5-33 所示。其中起点节点 St 和终点节点 Fin 为虚拟节点。

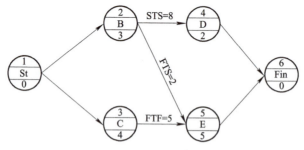

图 5-33　单代号搭接网络计划

1）单代号搭接网络图中每一个节点表示一项工作，宜用圆圈或矩形表示。节点所表示的工作名称、持续时间和工作代号等应标注在节点内。节点最基本的表示方法应符合图 5-34 的规定。

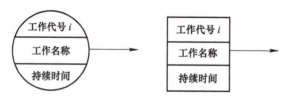

图 5-34　单代号搭接网络图工作的表示方法

2）单代号搭接网络图中，箭线及其上面的时距符号表示相邻工作间的逻辑关系，箭线应画成水平直线、折线或斜线。箭线水平投影的方向应自左向右，表示工作的进行方向。

工作的搭接顺序关系是用前项工作的开始或完成时间与其紧后工作的开始或完成时间之间的间距来表示，具体有四类：

$FTS_{i,j}$——工作 i 完成时间与其紧后工作 j 开始时间的时间间距；
$FTF_{i,j}$——工作 i 完成时间与其紧后工作 j 完成时间的时间间距；
$STS_{i,j}$——工作 i 开始时间与其紧后工作 j 开始时间的时间间距；
$STF_{i,j}$——工作 i 开始时间与其紧后工作 j 完成时间的时间间距。

3）单代号搭接网络图中的节点必须编号，编号标注在节点内，其号码可间断，但不允许重复。箭线的箭尾节点编号应小于箭头节点编号。一项工作必须有唯一的一个节点及相应的一个编号。

4）工作之间的逻辑关系包括工艺关系和组织关系，在网络图中均表现为工作之间的先后顺序。

5）单代号搭接网络图中，各条线路应用该线路上的节点编号自小到大依次表述，也可用工作名称依次表述。如图5-33所示的单代号搭接网络图中的一条线路可表述为1—2—5—6，也可表述为St—B—E—Fin。

6）单代号搭接网络计划中的时间参数基本内容和形式应按图5-35所示方式标注。工作名称和工作持续时间标注在节点圆圈内，工作的时间参数（如ES，EF，LS，LF，TF，FF）标注在圆圈的上下。而工作之间的时间参数（如STS、FTF、STF、FTS和时间间隔$LAG_{i,j}$）标注在联系箭线的上下方。

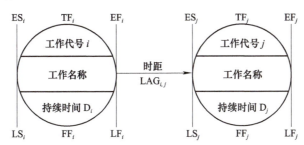

图5-35　单代号搭接网络计划时间参数标注形式

2．绘图规则

1）单代号搭接网络图必须正确表述已定的逻辑关系。
2）单代号搭接网络图中，不允许出现循环回路。
3）单代号搭接网络图中，不能出现双向箭头或无箭头的连线。
4）单代号搭接网络中，不能出现没有箭尾节点的箭线和没有箭头节点的箭线。
5）绘制网络图时，箭线不宜交叉，当交叉不可避免时，可采用过桥法和指向法绘制。
6）单代号搭接网络图只应有一个起点节点和一个终点节点。当网络图中有多项起点节点或多项终点节点时，应在网络图的相应端分别设置一项虚工作，作为该网络图的起点节点（St）和终点节点（Fin）。

3．单代号搭接网络计划中的搭接关系

搭接网络计划中搭接关系在工程实践中的具体应用，简述如下：

1）完成到开始时距（$FTS_{i,j}$）的连接方法：紧前工作i的完成时间与紧后工作j的开始时间之间的时距和连接方法。

例如修一条堤坝的护坡时，一定要等土堤自然沉降后才能修护坡，这种等待的时间就是FTS时距。

当FTS=0时，即紧前工作i的完成时间等于紧后工作j的开始时间，这时紧前工作与紧后工作紧密衔接，当计划所有相邻工作的FTS=0时，整个搭接网络计划就成为一般的单代号网络计划。因此，一般的依次顺序关系只是搭接关系的一种特殊表现形式。

2）完成到完成时距（$FTF_{i,j}$）的连接方法：紧前工作i完成时间与紧后工作j完成时间之间的时距和连接方法。

例如相邻两工作，当紧前工作的施工速度小于紧后工作时则必须考虑为紧后工作留有充分的工作面,否则紧后工作就将因无工作面而无法进行。这种结束工作时间之间的间隔就是 FTF 时距。

3）开始到开始时距（$STS_{i,j}$）的连接方法：紧前工作 i 的开始时间与紧后工作 j 的开始时间之间的时距和连接方法。

例如道路工程中的铺设路基和浇筑路面,待路基开始工作一定时间为路面工程创造一定工作条件之后,路面工程即可开始进行,这种开始工作时间之间的间隔就是 STS 时距。

4）开始到完成时距（$STF_{i,j}$）的连接方法：紧前工作 i 的开始时间与紧后工作 j 的结束时间之间的时距和连接方法,这种时距以 $STF_{i,j}$ 表示。

例如要挖掘带有部分地下水的土壤,地下水位以上的土壤可以在降低地下水位工作完成之前开始,而在地下水位以下的土壤则必须要等降低地下水位之后才能开始。降低地下水位工作的完成与何时挖地下水位以下的土壤有关,至于降低地下水位何时开始测与挖土没有直接联系。这种开始到结束的限制时间就是 STF 时距。

5）混合时距的连接方法

在搭接网络计划中,两项工作之间可同时由四种基本连接关系中两种以上来限制工作间的逻辑关系,例如 i、j 两项工作可能同时由 STS 与 FTF 时距限制,或 STF 与 FTS 时距限制等。

4．单代号搭接网络计划时间参数的计算

（1）计算工作最早时间　计算最早时间参数必须从起点节点开始依次进行,只有紧前工作计算完毕,才能计算本工作。开始时间应按下列步骤进行：

起点节点的工作最早开始时间都应为零,即

$$ES_i = 0 \quad (i = \text{起点节点编号}) \tag{5-48}$$

其他工作 j 的最早开始时间（ES_j）根据时距应按下列公式计算：
相邻时距为 $STS_{i,j}$ 时,

$$ES_j = ES_i + STS_{i,j} \tag{5-49}$$

相邻时距为 $FTF_{i,j}$ 时,

$$ES_j = ES_i + D_i + FTF_{i,j} - D_j \tag{5-50}$$

相邻时距为 $STF_{i,j}$ 时,

$$ES_j = ES_i + STF_{i,j} - D_j \tag{5-51}$$

相邻时距为 $FTS_{i,j}$ 时,

$$ES_j = ES_i + D_i + FTS_{i,j} \tag{5-52}$$

计算工作最早时间,当出现最早开始时间为负值时,应将该工作 j 与起点节点用虚箭线相连接,并确定其时距为

$$STS_{\text{起点节点}} = 0 \tag{5-53}$$

工作 j 的最早完成时间 EF_j 应按下式计算

$$EF_j = ES_j + D_j \qquad (5\text{-}54)$$

当有两种以上的时距（有两项工作或两项以上紧前工作）限制工作间的逻辑关系时，应分别进行计算其最早时间，取其最大值。

搭接网络计划中，全部工作的最早完成时间的最大值若在中间工作 k，则该中间工作 k 应与终点节点用虚箭线相连接，并确定其时距为

$$FTF_{k,\text{终点节点}} = 0 \qquad (5\text{-}55)$$

搭接网络计划计算工期 T_C 由与终点相联系的工作的最早完成时间的最大值决定。

网络计划的计划工期 T_p 的计算应按下列情况分别确定：

当已规定了要求工期 T_r 时，$T_p \le T_r$；

当未规定要求工期时，$T_p = T_C$。

（2）计算时间间隔 $LAG_{i,j}$　相邻两项工作 i 和 j 之间在满足时距之外，还有多余的时间间隔 $LAG_{i,j}$，应按下式计算

$$LAG_{i,j} = \min\{ES_j - EF_i - FTS_{i,j};\ ES_j - ES_i - STS_{i,j};$$

$$EF_j - EF_i - FTF_{i,j};\ EF_j - ES_i - STF_{i,j}\} \qquad (5\text{-}56)$$

（3）计算工作总时差　工作 i 的总时差 TF_i 应从网络计划的终点节点开始，逆着箭线方向依次逐项计算。当部分工作分期完成时，有关工作的总时差必须从分期完成的节点开始逆向逐项计算。

终点节点所代表工作 n 的总时差 TF_n 值应为

$$TF_n = T_p - EF_n \qquad (5\text{-}57)$$

其他工作 i 的总时差 TF_i 应为：

$$TF_i = \min\{TF_j + LAG_{i,j}\} \qquad (5\text{-}58)$$

（4）计算工作自由时差　终点节点所代表工作 n 的自由时差 FF_n 应为

$$FF_n = T_p - EF_n \qquad (5\text{-}59)$$

其他工作 i 的自由时差 FF_i 应为

$$FF_i = \min\{LAG_{i,j}\} \qquad (5\text{-}60)$$

（5）计算工作最迟完成时间　工作 i 的最迟完成时间 LF_i 应从网络计划的终点节点开始，逆着箭线方向依次逐项计算。当部分工作分期完成时，有关工作的最迟完成时间应从分期完成的节点开始逆向逐项计算。

终点节点所代表的工作 n 的最迟完成时间 LF_n 应按网络计划的计划工期 T_p 确定，即：

$$LF_n = T_p \qquad (5\text{-}61)$$

其他工作 i 的最迟完成时间 LF_i 应为

$$LAG_{i,j} = \min\{LS_j - LF_i - FTS_{i,j};\ LS_j - LS_i - STS_{i,j};$$

$$LF_j - LF_i - FTF_{i,j};\ LF_j - LS_i - STF_{i,j}\} \qquad (5\text{-}62)$$

（6）计算工作最迟开始时间 工作 i 的最迟开始时间 LS_i 应按下式计算

$$LS_i = LF_i - D_i \tag{5-63}$$

或

$$LS_i = LS_i + TF_i \tag{5-64}$$

（7）关键工作和关键线路的确定

1）确定关键工作。关键工作是总时差为最小的工作。搭接网络计划中工作总时差最小的工作，也即是其具有的机动时间最小，如果延长其持续时间就会影响计划工期，因此为关键工作。当计划工期等于计算工期时，工作的总时差为零是最小的总时差。当有要求工期，且要求工期小于计算工期时，总时差最小的为负值，当要求工期大于计算工期时，总时差最小的为正值。

2）确定关键线路。关键线路是自始至终全部由关键工作组成的线路或线路上总的工作持续时间最长的线路。该线路在网络图上应用粗线、双线或彩色线标注。

在搭接网络计划中，从起点节点开始到终点节点均为关键工作，且所有工作的时间间隔均为零的线路应为关键线路。

单元四 网络计划的优化

网络计划的优化，是在满足既定约束条件下，按选定目标，通过不断改进网络计划寻求满意方案的过程。其目的就是通过改善网络计划，在现有的资源条件下，均衡、合理地使用资源，使工程根据要求按期完工，以较小的消耗取得最大的经济效益。网络计划的优化包括工期优化、资源优化和费用优化，三者之间既有区别，又有联系。

一、工期优化

工期优化就是通过压缩关键工作的持续时间，以满足计划工期的目标。具体步骤如下：

1）计算并找出初始网络计划的计算工期、关键线路和关键工作。
2）按要求计算工期应压缩的时间。
3）确定各关键工作能缩短的程序时间。
4）选择关键工作，压缩其持续时间，并重新计算网络计划的计算工期。选择优先压缩关键工作的持续时间，应考虑以下几个因素：

① 缩短持续时间对质量和安全影响不大的工作。
② 有足够备用资源的工作。
③ 缩短持续时间所需增加的费用最少的工作。

当计算工期仍超过要求工期时，重复以上步骤，直到满足工期要求或工期不能再缩短为止。

当所有关键工作的持续时间都已达到其能缩短的极限而工期仍不能满足要求时，应对计划的原计算方案和组织方案进行调整或对要求工期重新审定。

在优化工期的过程中，应注意：

1）不能将关键工作压缩为非关键工作。

2）在优化过程中出现多条关键线路时，必须把各条关键线路上的工作出现时间压缩为同一数值；否则，不能有效地将工期缩短。

【案例 5-3】

某网络计划如图 5-36 所示，图中箭线上面括号外数字为工作正常持续时间，括号内数字为工作最短持续时间，要求工期为 100 天。试进行网络计划优化。

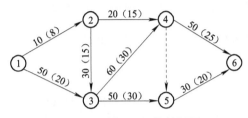

图 5-36 某工程网络计划图

解：（1）计算并找出网络计划的关键线路和关键工作 用工作正常持续时间计算节点的最早时间和最迟时间，如图 5-37 所示。其中关键线路为 1-3-4-6，用双箭线表示。关键工作为 1-3、3-4、4-6。

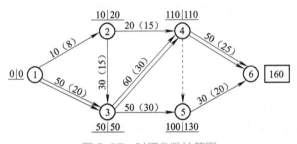

图 5-37 时间参数计算图

（2）计算需缩短工期 根据计算工期需缩短 60 天，其中，根据图 5-37 所示，关键工作 1-3 可缩短 30 天，但只能压缩 10 天，否则就变成非关键工作；3-4 可压缩 30 天。重新计算网络计划工期，其中关键线路和关键工作如图 5-38 所示。

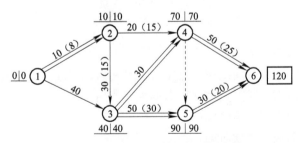

图 5-38 第一次调整后的时间参数

调整后的计算工期与要求工期还需压缩 20 天，选择工作 3-5、4-6 进行压缩，3-5 用最短工作持续时间进行代替正常持续时间，工作 4-6 缩短 20 天，重新计算网络计划工期，如图 5-39 所示。

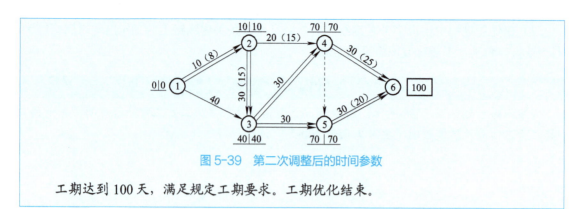

图 5-39 第二次调整后的时间参数

工期达到 100 天，满足规定工期要求。工期优化结束。

二、费用优化

费用优化又称成本优化，是寻求成本最低时的工期安排。工程施工的总费用包括直接费用和间接费用。直接费用是指工程施工过程中直接消耗的费用，如人工费、材料费、机械费、夜间施工费等。间接费用是指与工程有关、不能或不宜直接分摊给每道工序的费用，如管理费用、场地费用、资金利息、办公费用等。直接费用一般是随着工期的缩短而增加的，间接费用一般与工期成正比关系，工期越长，费用越多。费用优化就是考虑工期变化带来的费用变化，通过叠加求出最低的工程总成本。具体步骤如下：

1）按工作正常持续时间找出关键工作和关键线路。

2）计算各项工作的费用率。

① 对双代号网络计划：

$$\Delta C_{i-j} = \frac{CC_{i-j} - CN_{i-j}}{DN_{i-j} - DC_{i-j}} \tag{5-65}$$

式中　ΔC_{i-j}——工作 i–j 的费用率；

CC_{i-j}——将工作 i–j 持续时间缩短为最短持续时间后，完成该工作所需的直接费用；

CN_{i-j}——在正常条件下完成工作 i–j 所需的直接费用；

DN_{i-j}——工作 i–j 的正常持续时间；

DC_{i-j}——工作 i–j 的最短持续时间。

② 对单代号网络计划。

$$\Delta C_i = \frac{CC_i - CN_i}{DN_i - DC_i} \tag{5-66}$$

式中　ΔC_i——工作 i 的费用率；

CC_i——将工作 i 持续时间缩短为最短持续时间后，完成该工作所需的直接费用；

CN_i——在正常条件下完成工作 i 所需的直接费用；

DN_i——工作 i 的正常持续时间；

DC_i——工作 i 的最短持续时间。

3）在网络计划中找出费用率（或组合费用率）最低的一项关键工作或一组关键工作，作为缩短持续时间的对象。

4）缩短找出的关键工作或一组关键工作的持续时间，其缩短值必须符合不能把关键工作压缩成非关键工作和缩短后其持续时间不小于最短持续时间的原则。

5）计算相应增加的总费用。
6）考虑工期变化带来的间接费用及其他损益，在此基础上计算总费用。
7）重复3）～6）步骤，直到总费用最低为止。

三、资源优化

所谓资源，就是完成某工程项目所需的人、材料、机械、资金的统称。由于完成项目所需的资源量基本是不变的，所以资源优化主要是通过改变工作的时间，使资源按时间的分布符合优化的目标。具体有"资源有限—工期最短"及"工期固定—资源均衡"的优化方法。

1. "资源有限—工期最短"的优化

"资源有限—工期最短"的优化是通过均衡安排，以满足资源限制的条件，并使工期拖延最少的过程。在资源优化时，应逐日检查资源，当出现第 i 天资源需要量大于资源限量时，通过对工作最早时间的调整进行资源均衡调整。

资源需要量是指网络计划中各项工作在某一单位时间内所需某种资源数量之和。

资源限量是指单位时间内可供使用的某种资源的最大数量。

"资源有限—工期最短"优化计划的调整步骤如下。

1）计算网络计划每个"时间单位"的资源需要量。

2）从计划开始日期起，逐个检查每个"时间单位"的资源需要量是否超过资源限量，如果在整个工期内每个"时间单位"的资源需要量均能满足资源限量的要求，可行优化方案就完成，否则必须进行计划调整。

3）分析超过资源限量的时段（每个"时间单位"的资源需要量相同的时间区段），计算 $\Delta D_{m-n,\ i-j}$ 或计算 $\Delta D_{m,\ i}$ 值，依据它确定新的安排顺序。

①对双代号网络计划：

$$\Delta D_{m-n,\ i-j} = \min\{\Delta D_{m-n,\ i-j}\} \tag{5-67}$$

$$\Delta D_{m-n,\ i-j} = EF_{m-n} - LS_{i-j} \tag{5-68}$$

式中 $\Delta D_{m-n,\ i-j}$——在各种顺序安排中，最佳顺序安排所对应的工期延长时间的最小值；

$\Delta D_{m-n,\ i-j}$——在资源冲突的诸工作中，工作 $i-j$ 安排在工作 $m-n$ 之后进行，工期所延长的时间。

②对单代号网络计划：

$$\Delta D_{m,\ i} = \min\{\Delta D_{m,\ i}\} \tag{5-69}$$

$$\Delta D_{m,\ i} = EF_m - LS_i \tag{5-70}$$

式中 $\Delta D_{m,\ i}$——在各种顺序安排中，最佳顺序安排所对应的工期延长时间的最小值；

$\Delta D_{m,\ i}$——在资源冲突的诸工作中，工作 i 安排在工作 m 之后进行，工期所延长的时间。

4）当最早完成时间 EF_{m-n} 或 EF_m 最小值和最迟开始时间 LS_{i-j} 或 LS_i 最大值同属一个工作时，应找出最早完成时间 $EF_{m'-n'}$ 或 $EF_{m'}$ 值为次小，最迟开始时间 $LS_{i'-j'}$ 或 $LS_{i'}$ 为次大的工作，分别组成两个顺序方案，再从中选取较小者进行调整；

5）绘制调整后的网络计划，重复1）～4）的步骤，工期最短者为最佳方案。

2. "工期固定——资源均衡"优化

"工期固定——资源均衡"优化是指调整计划安排，在工期不变的条件下，使资源需要量尽可能均衡的过程，力求使每个"时间单位"的资源需要量接近于平均值，计算步骤如下。

1）计算网络计划每个"时间单位"的资源需要量。
2）确定削峰目标，其值等于每个"时间单位"资源需要量的最大值减去一个单位量。
3）计算有关工作的时间差值。

① 按双代号网络计划：

$$\Delta T_{i-j} = TF_{i-j} - (T_h - ES_{i-j}) \tag{5-71}$$

② 按单代号网络计划

$$\Delta T_i = TF_i - (T_h - ES_i) \tag{5-72}$$

优先以时间差值最大的工作 i'-j' 或工作 i' 为调整对象，令

$$ES_{i'-j'} = T_h \tag{5-73}$$

或

$$ES_i = T_h \tag{5-74}$$

4）当峰值不能再减少时，即是优选方案，否则重复以上步骤。

小 结

本模块依据《建设工程项目管理规范》（GB/T 50326—2017），结合目前工程实践进度管理实践，介绍了网络计划技术、网络计划优化方法及网络计划技术在工程中的应用。我国《工程网络计划技术规程》（JGJ/T 121—2015）推荐的常用的工程网络计划类型有双代号网络计划、单代号网络计划、双代号时标网络计划和单代号搭接网络计划。

学生在学习过程中，应注意理论联系实际；通过解析多个案例，初步掌握理论知识，再通过有效地完成项目进度管理实践，提高实践动手能力。

能力训练

一、选择题

1. 双代号网络计划中（　　）表示前面工作的结束和后面工作的开始。
　　A．起始节点　　　B．中间节点　　　C．终止节点　　　D．虚拟节点
2. 如果网络图中同时存在 n 条关键线路，则 n 条关键线路的持续时间之和（　　）。
　　A．相同　　　　　B．不相同　　　　C．有一条最长的　D．以上都不对
3. 在时标网络计划中"波浪线"表示（　　）。

A．工作持续时间 B．虚工作
C．前后工作的时间间隔 D．总时差

4．时标网络计划与一般网络计划相比其优点是（ ）。
A．能进行时间参数的计算 B．能确定关键线路
C．能计算时差 D．能增加网络的直观性

5．（ ）为零的工作肯定在关键线路上。
A．自由时差 B．总时差 C．持续时间 D．以上三者均不对

6．当双代号网络计划的计算工期等于计划工期时，对关键工作的错误提法是（ ）。
A．关键工作的自由时差为零
B．相邻两项关键工作之间的时间间隔为零
C．关键工作的持续时间最长
D．关键工作的最早开始时间与最迟开始时间相等

7．工程网络计划费用优化的目的是为了寻求（ ）。
A．资源有限条件下的最短工期安排
B．工程总费用最低时的工期安排
C．满足要求工期的计划安排
D．资源使用的合理安排

8．在双代号时标网络计划中，关键线路是指（ ）。
A．没有波形线的线路 B．由关键节点组成的线路
C．没有虚工作的线路 D．工作持续时间最长所在的线路

9．网络计划中，前后两项工作间的时间间隔与紧前工作自由时差的关系是（ ）。
A．自由时差等于时间间隔 B．自由时差等于时间间隔的最小值
C．自由时差大于时间间隔 D．自由时差小于时间间隔

10．在工程网络计划中，工作 M 的最迟完成时间为第 25 天，其持续时间为 6 天。该工作有三项紧前工作，它们的最早完成时间分别为第 10 天、第 12 天和第 13 天，则工作 M 的总时差为（ ）天。
A．6 B．9 C．12 D．15

二、简答题

1．什么是网络图？什么是双代号网络图？什么是单代号网络图？
2．双代号网络图和单代号网络图的基本要素是什么？分别表示什么含义？
3．什么叫虚工作？
4．简述绘制双代号网络图的基本规则。
5．双代号网络图的时间参数有哪些？分别如何计算？
6．工作总时差和自由时差的含义分别是什么？
7．什么是关键线路？如何确定关键线路？

8. 单代号网络图的时间参数有哪些？分别如何计算？

9. 时标网络图的优点有哪些？如何绘制？

三、计算题

1. 根据表 5-2 中各施工过程之间的逻辑关系，绘制双代号网络图和单代号网络图，并进行节点编号。

表 5-2　网络资料表

工作	A	B	C	D	E	F	G	H
紧前工作	—	A	B	B	B	C、D	C、E	F、G

2. 根据表 5-3 中各施工过程之间的逻辑关系，绘制双代号网络图，并按工作计算法和节点计算法计算各时间参数，并标出关键线路。

表 5-3　网络资料表

工作	A	B	C	D	E	F	G	H	I	J
持续时间	2	3	5	2	3	3	2	3	6	2
紧前工作	—	A	A	B	B	D	F	E、F	C、E、F	G、H

3. 已知网络计划如图 5-40 所示，箭线下方括号外数字为工作的正常持续时间，括号内数字为工作的最短持续时间；箭线上方括号内数字为优选系数。要求工期为 11 天，试对其进行工期优化。

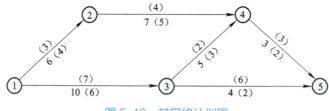

图 5-40　某网络计划图

实训项目

项目的进度控制分析（双代号网络图）

一、实训目的

通过本单元的学习，要求学员能够做到：

1. 在熟悉流水施工组织方法原理的基础上，掌握网络图基本原理。
2. 掌握网络图的绘制、网络计划的时间参数计算和网络计划的优化。

通过对背景材料的研读，根据实际施工现场的资料绘制符合工程实际情况的双代号网络图。

二、实训内容

背景资料：要建一无线电发射试验基地，工程的主要活动及其所需要时间等如下：

（1）清理场地　　　1天
（2）基础工程　　　8天
（3）建造房屋　　　6天
（4）建发射塔　　　10天
（5）装电缆　　　　5天
（6）安装发射设备　3天
（7）调试　　　　　1天

施工顺序如下：清理场地后，基础工程与安装电缆同时开始；基础完成后，建房与建发射塔同时进行；安装设备应在建房与安装电缆完成后开始；最后进行调试。

三、实训要求

1. 绘制双代号网络图。
2. 整个建塔工程需要多少天？
3. 哪些活动处在"关键线路"上（用图上计算法计算）？

案例分析

目的： 熟悉并掌握单代号及双代号网络图的绘制原则和各项时间参数的计算规则，通过本小题学会网络图的绘制及计算。

资料： 表5-4网络图资料是某工程单代号和双代号施工网络计划的基础数据，该数据资料是监理工程师审核批准的。

表5-4　施工网络计划的基础资料

工　作	A	B	C	D	E	G	H
紧前工作	—	—	—	—	A、B	B、C、D	C、D
持续天数	3	4	5	4	6	3	5

要求：

1. 根据表5-4试绘出双代号网络图和单代号网络图。
2. 计算时间参数、网络计划的计算工期和确定该网络计划的关键工作。
3. 计算工作B、E、G的总时差和自由时差。

模块六

施工进度计划控制

学习目标

- 了解施工进度计划及其控制的基本概念。
- 熟悉进度计划监测和调整的系统过程。
- 掌握实际进度与计划进度的比较方法。

建议学时

- 10～16 学时

引导案例

新工厂建设项目

某建筑施工企业从一个大的制造商那里成功中标了一个价值 3240 万元的新工厂建设项目。制造商要求这个新工厂在一年内能够投入使用。因此,合同包含了下面所列的条款:如果公司从现在起在 47 周内不能完成这个项目,就要赔偿 180 万元。如果公司能在 40 周内完成这个项目,就会获得 100 万元的奖金。

为了确保工程能够按照进度进行,公司指派王某担任该项目的项目经理。王某拥有多年的工作经验和骄人的工作业绩,管理层对他非常信任。他熟练掌握了项目时间管理中的 CPM、PERT 等技术。他接受了任命,期待迎接该项目在进度上的挑战。但是必须解决以下问题。

【引入问题】

1. 如何将项目目标控制在 47 周内完成?
2. 在施工的过程当中如何监测和调整项目的进度计划?
3. 采用什么样的方法可以对项目的实际进度与计划进度进行比较、分析?
4. 当进度计划发生偏差时,应采用什么方法进行调整?

单元一 概 述

一、施工进度控制的概念

(一)施工进度控制的概念

施工进度控制是指对施工项目建设阶段的工作内容、工作程序、持续时间和衔接关系,根据进度总目标及资源优化配置的原则编制计划，并付诸实施，然后在进度计划的实施过程中通过检查实际进度是否按原计划要求进行，对出现偏差情况的原因进行分析，采取补救措施或调整、修改原计划后再付诸实施，如此循环，直到施工项目竣工验收交付使用。

施工进度计划控制的最终目的是确保施工项目按预定的时间动用或提前交付使用，施工进度控制的总目标是施工工期。

（二）施工进度控制的作用

1）可以有效缩短施工工期。
2）可减少不同单位和部门之间的相互干扰。
3）可以达到资源均衡的目的。
4）可落实和建立各单位的施工计划、成本计划和质量计划。
5）可为防止或提出工程索赔提供依据。

（三）影响进度的因素分析

工程项目施工是一个复杂的运作过程，涉及面广，影响因素多，任何一个方面出现问题都可能对工程项目的施工进度产生影响，归纳起来，在施工项目建设过程中，常见的影响因素如下：

1. 工程建设相关单位的影响

影响工程项目施工进度的单位不只是施工承包单位。事实上，只要是与工程建设有关的单位，如政府有关部门、业主，设计单位、物资供应单位、资金贷款单位，以及运输、通信、供电等部门，其工作进度的拖后都会对施工进度产生影响。因此，控制施工进度仅仅考虑施工承包单位是不够的，必须充分发挥监理的作用，协调各相关单位之间的进度关系。而对于那些无法进行协调控制的进度关系，在进度计划的安排中应留有足够的机动时间。

2. 物资供应的影响

施工过程中需要的材料、构配件、机具和设备等如果不能按期运抵施工现场或者运抵施工现场后发现其质量不符合有关标准的要求，都会对施工进度产生影响。因此，项目进度控制人员应严格把关，采取有效措施控制好物资供应。

3. 资金的影响

工程施工的顺利进行必须有足够的资金作保障。一般来说，资金的影响主要来自业主，或者是没有及时给付工程预付款，或者是拖欠了工程进度款，这些都会影响到承包单位流动资金的周转，进而殃及施工进度及施工质量。项目进度控制人员应根据业主的资金供应能力，安排好施工进度计划，并督促业主及时拨付工程预付款和工程进度款，以免因资金供应不足而拖延进度，导致工期索赔。

4. 设计变更的影响

在施工过程中，出现设计变更是难免的，或者是由于原设计有问题需要修改，或者是由于业主提出了新的要求。项目进度控制人员应加强图纸审查，严格控制随意变更，特别对业主的变更要求应引起重视。

5．施工条件的影响

在施工过程中，一旦遇到气候、水文、地质及周围环境等方面的不利因素，必然会影响到施工进度。此时，承包单位应利用自身的技术组织能力予以克服。监理工程师应积极疏通关系，协助承包单位解决那些自身不能解决的问题。

6．各种风险因素的影响

风险因素包括政治、经济、技术及自然等方面。政治方面的有战争、内乱、罢工、拒付债务、制裁等；经济方面的有延迟付款、汇率浮动、换汇控制、通货膨胀、分包单位违约等；技术方面的有工程事故、试验失败、标准变化等；自然方面的有地震、洪水等。

7．承包单位自身管理水平的影响

施工现场的情况千变万化，如果承包单位的施工方案不当，计划不周，管理不善，解决问题不及时等，都会影响工程项目的施工进度。

二、施工阶段进度控制的内容

（一）建设工程施工进度控制的工作流程（图6-1）

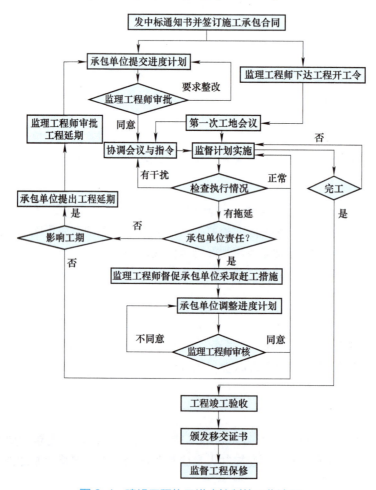

图6-1 建设工程施工进度控制的工作流程

(二)建设工程施工进度控制工作内容

建设工程施工进度控制工作从编制施工进度计划开始，直至建设工程保修期满为止，其工作内容主要有：

1. 编制施工进度计划

施工进度计划是表示各项工程（单位工程、分部工程或分项工程）的施工顺序、开始和结束时间以及相互衔接关系的计划。

（1）编制施工进度计划的依据　包括：施工方案；资源供应条件；各类定额资料；合同文件；工程项目建设总进度计划；工程进度时间目标；建设地区自然条件及有关技术经济资料等。

（2）编制施工进度计划的步骤

1）计算工程量。根据批准的工程项目一览表，按单位工程分别计算其主要实物工程量，不仅是为了编制施工进度计划，也是为了编制施工方案和选择施工、运输机械，初步规划主要施工过程的流水施工，以及计算人工、施工机械及建筑材料的需要量。

2）确定各单位工程的施工期限。各单位工程的施工期限应根据合同工期确定，同时还要考虑建筑类型、结构特征、施工方法、施工管理水平、施工机械化程度及施工现场条件等因素。如果在编制施工进度计划时没有合同工期，则应保证计划工期不超过工期定额。

3）确定各单位工程的开竣工时间和相互搭接关系。确定各单位工程的开竣工时间和相互搭接关系主要应考虑以下几点：

①同一时期施工的项目不宜过多，以避免人力、物力过于分散。

②尽量做到均衡施工，以使劳动力、施工机械和主要材料的供应在整个工期范围内达到均衡。

③尽量提前建设可供工程施工使用的永久性工程，以节省临时工程费用。

④急需和关键的工程先施工，以保证工程项目如期交工。对于某些技术复杂、施工周期较长，施工困难较多的工程，也应安排提前施工，以利于整个工程项目按期交付使用。

⑤施工顺序必须与主要生产系统投入生产的先后次序相吻合。同时还要安排好配套工程的施工时间，以保证建成的工程能迅速投入生产或交付使用。

⑥应注意季节对施工顺序的影响，使施工季节不导致工期拖延，不影响工程质量。

⑦安排一部分附属工程或零星项目作为后备项目，用以调整主要项目的施工进度。

⑧注意主要工种和主要施工机械能连续施工。

4）具体编制。施工进度计划应安排整个项目现场的流水作业。整个项目现场的流水作业安排应以工程量大、工期长的单位工程为主导，组织若干条流水线，以此带动其他工程。

（3）施工进度计划的表示方法　施工进度计划既可以用横道图表示，也可以用网络图表示。横道图形象直观，易于编制和理解，应用广泛。采用网络计划技术控制工程进度可以弥补横道图的不足，更加有效，所以人们更多地开始采用网络图来表示施工总进度计划。特别是计算机的广泛应用，为网络计划技术的推广和普及创造了更加有利的条件。

施工进度计划编制完成后，要对其进行检查，主要是检查总工期是否符合要求，资源使用是否均衡且其供应是否能得到保证。如果出现问题，则应进行调整。调整的主要方法是改变某些工程的起止时间或调整主导工程的工期。如果是网络计划，则可以利用计算机分别进行工期优化、费用优化及资源优化。

施工进度计划确定后，应据以编制劳动力、材料、大型施工机械等资源的需用量计划，方便组织供应，保证施工进度计划的实现。

2．施工过程中进度的动态控制

在项目的施工过程中，由于受到各种因素的影响，项目的实际进度与计划进度常常会不一致，尤其是实际进度落后于计划进度的情况会经常出现。因此，施工单位应在施工过程中，定期或不定期地检查施工进度，及时发现进度偏差，并采取措施调整。

（1）施工进度的检查方式　通常采用定期检查和日常巡视两种方式进行施工进度的检查。

1）定期检查是指以每周、每两周或每月为单位按实际进度报表来检查。其进度报表的格式由监理单位提供给施工承包单位，再由施工承包单位填写完成后提交给监理工程师核查。报表的内容可以根据施工对象和承包方式的不同而有所区别，但一般应包括工作的开始时间、完成时间、持续时间，工作间的逻辑关系，实物工程量和工作量，以及工作时差的利用情况等。

2）日常巡视主要是根据现场施工进度检查实际进度与计划进度的偏差情况，进而及时发现进度偏差，采取调整措施。

当获得实际进度信息后，就可以利用前述的进度比较方法确定实际进度状态，判断偏差大小以及对总工期的影响程度，进而做出进度调整的决策。

（2）施工进度计划的调整　当进度出现偏差时，为了实现建设项目的进度目标，施工单位应当区分产生进度偏差的原因。如果是自身原因造成的工程延误，施工承包单位则需要调整施工进度计划，自费赶工。但如果是非施工单位原因造成的进度拖后，则要按照相关规定对工程延期进行处理。

（3）施工进度计划检查的方法　施工进度检查的主要方法是对比法，即将经过整理的实际进度数据与计划进度数据进行比较，从中发现是否出现进度偏差以及进度偏差的大小。通过检查分析，如果进度偏差比较小，应在分析其产生原因的基础上采取有效措施，解决矛盾，排除障碍，继续执行原进度计划。如果经过努力，确实不能按原计划实现时，再考虑对原计划进行必要的调整，即适当延长工期，或改变施工速度。计划的调整一般是不可避免的，但应当慎重，尽量减少变更计划性的调整。

单元二　施工进度计划的实施

在项目实施过程中，由于某些影响进度因素的干扰，往往造成实际进度与计划进度产生偏差。如果这种偏差得不到及时纠正，必将影响进度总目标的实现。为此，在项目进度计划的执行过程中，必须采取系统的进度控制措施，即采用准确的监测手段不断发现问题，以及应用行之有效的进度调整方法及时解决问题。

一、进度监测的系统过程

在建设项目实施过程中，进度监测主要包括以下工作。

（一）进度计划执行中的跟踪检查

跟踪检查是计划执行信息的主要来源，是进度分析和调整的依据，也是进度控制的关键步骤。跟踪检查的主要工作是定期收集反映实际工程进度的有关数据。收集的方式一是以报表的形式，二是进行现场实地检查。

为了全面准确地了解进度计划的执行情况，施工承包单位必须认真做好以下三方面的工作：

1. 经常定期地收集进度报表资料

进度报表是反映实际进度的主要方式之一，按照进度计划规定的时间和报表内容，执行单位经常性地填写进度报表。项目负责人根据进度报表数据了解工程实际进展情况。

2. 现场实地检查工程进展情况

随时检查进度计划的实际执行情况，这样可以加强进度监测工作，掌握工程实际进度的第一手资料，使获取的数据更加及时、准确。

一般说来，进度控制的效果与收集数据资料的时间间隔有关。如果不经常地、定期地收集实际进度数据，就难以有效地控制实际进度。进度检查的时间间隔与工程项目的类型、规模等多方面因素相关，可视工程的具体情况，每月、每半月或每周进行一次检查。在特殊情况下，甚至需要每日进行一次进度检查。

（二）实际进度数据的加工处理

为了进行实际进度与计划进度的比较，必须对收集到的实际进度数据进行加工处理，形成与计划进度具有可比性的数据。例如，对检查时段实际完成工作量的进度数据进行整理、统计和分析，确定本期累计完成的工作量、本期已完成的工作量占计划总工作量的百分比等。

（三）实际进度与计划进度对比

将实际进度数据与计划进度数据进行比较，可以确定建设工程实际执行状况与计划目标之间的差距。为了直观反映实际进度偏差，通常采用表格或图形进行实际进度与计划进度的对比分析，从而得出实际进度比计划进度超前、滞后还是一致的结论。项目进度监测系统过程如图 6-2 所示。

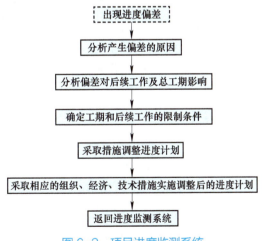

图 6-2　项目进度监测系统

二、进度调整的系统过程

在项目进度检查监督过程中,一旦发现实际进度与计划进度不符(即出现进度偏差)时,必须认真分析产生的原因及对后续工作和总工期的影响,并采取合理的调整措施,确保进度总目标的实现。具体过程如图6-3所示。

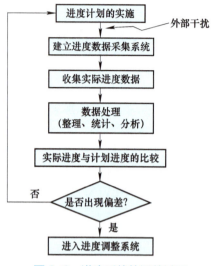

图6-3 进度系统的调整过程

(一)分析产生进度偏差的原因

一般了解产生进度偏差原因的最好方法是:深入现场进行调查或通过召开现场会,与施工现场有关人员进行面对面的交谈,分析产生偏差的原因。

(二)分析偏差对后续工作和总工期的影响

在查明产生偏差原因之后,做必要的调整之前,要分析偏差对后续工作和总工期的影响,确定是否应当调整。分析方法主要是利用网络计划中工作的总时差和自由时差进行判断:

1. 判断此进度偏差是否处于关键线路上,即判断出现进度偏差的这项工作的总时差是否等于零

如果总时差等于零,说明此项工作处在关键线路上。因此,无论偏差大小,都将对后续工作及总工期产生影响,必须采取相应的调整措施;如果总时差不等于零,说明此项工作处在非关键线路上,偏差的大小决定着对后续工作和总工期是否产生影响以及影响的程度,此时需要进行下一个判断。

2. 判断进度偏差是否大于总时差

如果工作的进度偏差大于该工作的总时差,说明此偏差必将影响后继工作和项目的总工期,必须采取相应的调整措施;如果该偏差未超过该工作的总时差,说明此偏差不会影响项目的总工期,但它对后续工作的影响程度,需要根据此偏差与自由时差的比较情况来确定。

3. 判断进度偏差是否大于自由时差

如果某工作的进度偏差大于该工作的自由时差,说明此偏差对后续工作产生影响,应根据后续工作允许影响的程度而确定如何调整；反之，若工作的进度偏差小于或等于该工作的自由时差，则说明此偏差对后续工作无影响。因此，原进度计划可以不作调整。

（三）确定影响后继工作和总工期的限制条件

在分析了对后继工作和总工期的影响以后，需要采取一定的调整措施时，应当事先确定进度可调整的范围，主要指关键节点，后继工作的限制条件以及总工期允许变化的范围。它往往与签订的合同有关，要认真分析，尽量防止后续分包单位提出索赔。

（四）采取进度调整措施

采取进度调整措施，应以后续工作和总工期的限制条件为依据，对原进度计划调整，以保证要求的进度目标实现。

1. 改变某些工作间的逻辑关系

若实施中的进度产生的偏差影响了总工期，并且有关工作之间的逻辑关系允许改变，可以改变关键线路和超过计划工期的非关键线路上的有关工作之间的逻辑关系，达到缩短工期的目的。这种方法用起来效果是很显著的。例如可以把依次进行的有关工作改变为平行的或互相搭接的以及分成几个施工段进行流水施工的工作，都可以达到缩短工期的目的。

【案例 6-1】

某工程项目基础工程包括挖基槽、做垫层、砌基础、回填土 4 个施工过程，各施工过程的持续时间分别为 21 天、15 天、18 天和 9 天，如果采取顺序作业方式进行施工，则其总工期为 63 天。为缩短该基础工程总工期，如果在工作面及资源供应允许的条件下，将基础工程划分为工程量大致相等的 3 个施工段组织流水作业，试绘制该基础工程流水作业网络计划，并确定其计算工期。

解：该基础工程流水作业网络计划如图 6-4 所示。通过组织流水作业，使得该基础工程的计算工期由 63 天缩短为 35 天。

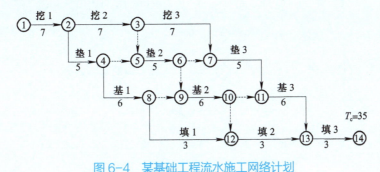

图 6-4 某基础工程流水施工网络计划

2. 缩短某些工作的持续时间

这种方法不改变工作之间的逻辑关系，只是缩短某些工作（这些工作是可压缩持续时间的工作）的持续时间，而使施工进度加快，以保证实现计划工期。

（1）具体措施 这种方法通常需要采取一定的措施来达到目的，具体措施如下。

1）组织措施：增加工作面，组织更多的施工队伍；增加每天的施工时间（如采用三班制等）；增加劳动力和施工机械的数量。

2）技术措施：改进施工工艺和施工技术，缩短工艺技术间歇时间；采用更先进的施工方法，以减少施工过程的数量（如将现浇框架方案改为预制装配方案）；采用更先进的施工机械。

3）经济措施：实行包干奖励，提高奖金数额，对所采取的技术措施给予相应的经济补偿。

4）其他配套措施：改善外部配合条件，改善劳动条件，实施强有力的调度等。

一般来说，不管采取哪种措施，都会增加费用。因此，在调整施工进度计划时，应利用费用优化的原理选择费用增加量最小的关键工作作为压缩对象。

（2）具体调整方法　具体调整方法视限制条件及对后续工作的影响程度的不同而有所区别，一般可分为以下三种情况。

1）网络计划中某项工作进度拖延的时间已经超过该项工作的自由时差但未超过总时差，表明该工作不会影响总工期，而只对其后续工作产生影响。接下来看一下后续工作拖延的时间有无限制。

2）网络计划中某项工作进度拖延的时间超过其总时差，则无论是否为关键工作，则实际进度都将对后续工作和总工期产生影响。

3）网络计划中某项工作进度超前。在建设工程计划阶段所确定的目标，是经过综合了各方面的因素而确定的合理工期，因此，工程进度不论超前还是拖后，都可能造成其他目标的失控。比如，如果在施工过程中，某一工作的进度超前，使资源需求也超出计划，打乱了原来合理的计划安排，对后续工作影响颇大，会给协调工作带来许多麻烦。

【案例6-2】

某工程项目双代号时标网络计划如图6-5所示，该计划执行到35天下班时刻检查时，其实际进度如图6-5中前锋线所示。试分析目前实际进度对后续工作和总工期的影响，并提出相应的进度调整措施。

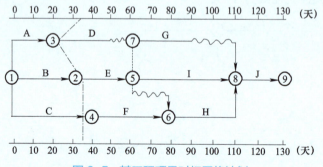

图6-5　某工程项目时标网络计划

解： 从图6-5中可以看出，目前只有工作D的开始时间拖后15天，而影响其后续工作G的最早开始时间，其他工作的实际进度均正常，由于工作D的总时差为30天，故此时工作D的实际进度不影响总工期。

该进度计划是否需要调整，取决于工作D和G的限制条件：

（1）后续工作拖延的时间无限制　如果后续工作拖延的时间完全被允许，可将延后的时间参数代入原计划，并化简网络图，即可得调整方案。

（2）后续工作拖延时间有限制　如果后续工作不允许拖延或拖延时间有限制，需要根据限制条件对网络计划进行调整，寻求最优方案。

【案例6-3】

仍以图6-5所示网络计划为例，如果在计划执行到第40天下班时刻检查时，其实际进度如图6-6中前锋线所示，试分析目前实际进度对后续工作和总工期的影响，并提出相应的进度调整措施。

解： 从图6-6中可看出：

1）作D实际进度拖后10天，但不影响其后续工作，也不影响总工期；

2）工作E实际进度正常，既不影响后续工作，也不影响总工期；

3）工作C实际进度拖后10天，由于其为关键工作，故其实际进度将使总工期延长10天，并使其后续工作F、H和J的开始时间推迟10天。

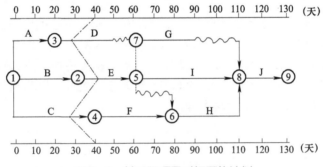

图6-6　某工程项目时标网络计划

如果该工程项目总工期不允许拖延，则为了保证其按原计划工期130天完成，必须采用工期优化的方法，缩短关键线路上后续工作的持续时间。现假设工作C的后续工作F、H和J均可以压缩10天，现假设通过比较，压缩工作H的持续时间所需付出的代价最小，故将工作H的持续时间由30天缩短为20天。调整后的网络计划如图6-7所示。

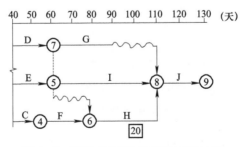

图6-7　调整后工期不拖延的网络计划

（五）实施调整后的进度计划

在后续的工程实施中，将继续执行调整后的进度计划。

单元三　实际进度和计划进度的比较方法

工程建设进度比较与计划调整是工程建设进度控制的主要环节，其中进度计划的比较是调整的基础。常用的比较方法有以下几种：

一、横道图进度比较法

用横道图编制实施进度计划，指导工程项目实施已是人们常用的、很熟悉的方法。它简明、形象和直观，编制方法简单，使用方便。

横道图比较法是指将在项目实施中检查实际进度收集的信息，经整理后直接用横道线并列标于原计划的横道线处，进行直观比较的方法。

【案例 6-4】

某工程项目基础工程的计划进度和截止到第 9 周末的实际进度如图 6-8 所示，其中双线条表示该工程计划进度，粗实线表示实际进度。从图中实际进度与计划进度的比较可以看出，到第 9 周末进行实际进度检查时。挖土方和做垫层两项工作已经完成；支模板按计划也应该完成，但实际只完成 75%，任务量拖欠 25%；绑扎钢筋按计划应完成 60%，而实际只完成 20%，任务量拖欠 40%。

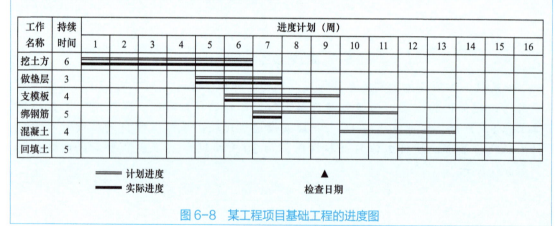

图 6-8　某工程项目基础工程的进度图

图 6-8 所表达的比较方法仅适用于工程项目中的各项工作都是均匀进展的情况，即每项工作在单位时间内完成的任务量都相等的情况。事实上，工程项目中各项工作的进展不一定是匀速的。根据工程项目中各项工作的进展是否匀速，可分别采用以下两种方法进行实际进度与计划进度的比较。

（一）匀速进展横道图比较法

匀速进展是指在工程项目中，每项工作的实施进展速度都是均匀的，即在单位时间内完成的任务量都是相等的，累计完成的任务量与时间成直线变化，如图 6-9 所示。

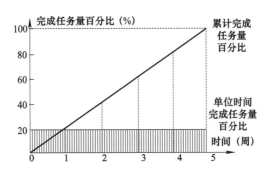

图 6-9　工作匀速进展时任务量与时间的关系

采用匀速进展横道图比较法时，步骤如下：
1) 编制横道图进度计划。
2) 在进度计划上标出检查日期。
3) 将检查收集的实际进度数据，按比例用涂黑的粗线标于计划进度线的下方，如图 6-10 所示。

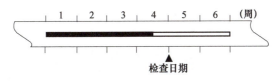

图 6-10　匀速进展横道图比较图

4) 比较分析实际进度与计划进度。
① 涂黑的粗线右端与检查日期相重合，表明实际进度与计划进度相一致。
② 涂黑的粗线右端在检查日期左侧，表明实际进度拖后。
③ 涂黑的粗线右端在检查日期右侧，表明实际进度超前。

该方法只适用于工作从开始到完成的整个过程中，其进展速度是不变的，累计完成的任务量与时间成正比。若工作的进展速度是变化的，用这种方法就不能进行实际进度与计划进度之间的比较。

（二）非匀速进展横道图比较法

当工作在不同的单位时间里的进展速度不同时，累计完成的任务量与时间的关系就不是成直线变化的，如图 6-11 所示，可以采用非匀速进展横道图比较法。

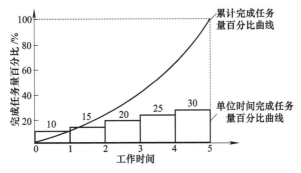

图 6-11　工作非匀速进展时任务量与时间的关系

非匀速进展横道图比较法是适用于工作的进度按变速进展的情况下，实际进度与计划进度进行比较的一种方法。该方法在表示工作实际进度的涂黑粗线同时，并标出其对应时刻完成任务的累计百分比，将该百分比与其同时刻计划完成任务的累计百分比相比较，判断工作的实际进度与计划进度之间的关系。步骤如下：

1）编制横道图进度计划。
2）在横道线上方标出各主要时间工作的计划完成任务量累计百分比。
3）在横道线下方标出相应日期工作的实际完成任务量累计百分比。
4）用涂黑粗线标出实际进度，由开工日标起，同时反映出实施过程中的连续与间断情况。
5）对照横道线上方计划完成任务累计量与同时刻的下方实际完成任务累计量，比较实际进度与计划进度，可能有以下三种情况：

①同一时刻上下两个累计百分比相等，表明实际进度与计划进度一致。
②同一时刻上面的累计百分比大于下面的累计百分比，表明该时刻实际进度拖后，拖后的量为二者之差。
③同一时刻上面的累计百分比小于下面累计百分比，表明该时刻实际进度超前，超前的量为二者之差。

【案例6-5】

某工作的横道图进度计划如图6-12所示，图中表示工作实际开始时间晚于计划开始时间，在开始后连续工作，没有中断；在第一周实际进度比计划进度拖后2%，以后各周末累计拖后分别为3%、3%、5%。

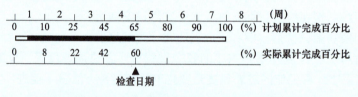

图6-12 某工作横道进度计划（例6-5）

【案例6-6】

某工作计划进度与第9周末之前实际施工进度如图6-13所示，图中表明该工作的哪些信息。

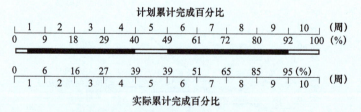

图6-13 某工作横道进度计划（例6-6）

分析：因为前半周显示是空的，所以实际开始时间推迟半周；第3周内实际进度与计划进度一致（计划是29周−18周=11周，实际是27周−16周=11周，所以实际进度与计划进度一致）；第5周停工1周；预计将在第10周末前完成。

二、S形曲线比较法

S形曲线比较法是以横坐标表示进度时间，纵坐标表示累计完成任务量。而绘制出一条按计划时间累计完成任务量的S形曲线，将工程项目的各检查时实际完成的任务量绘在S形曲线图上，进行实际进度与计划进度相比较的一种方法。

从整个工程项目的进展全过程看，一般是开始和结尾时，单位时间投入的资源量较少，中间阶段单位时间投入的资源量较多，与其相关单位时间完成的任务量也是呈同样变化的，如图6-14a所示，而随时间进展累计完成的任务量，则应该呈S形变化，如图6-14b所示。

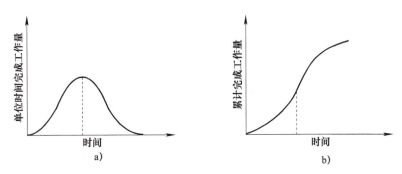

图6-14 时间与完成工作量关系曲线示意图

（一）S形曲线绘制方法

S形曲线的绘制步骤：

1. 确定工程进展速度曲线

根据单位时间内完成的任务量（实物工程量、投入劳动量或费用），计算出单位时间的计划量值。

2. 计算规定时间累计完成的任务量

其计算方法是将各单位时间完成的任务量累加求和。

3. 绘制S形曲线

按各规定的时间及其对应的累计完成任务量绘制S形曲线。

【案例6-7】

某工程的抹灰总量为10000m^3，按照施工方案，计划10天完成，每天完成工程量如图6-15所示，试绘制该抹灰工程的计划S形曲线。

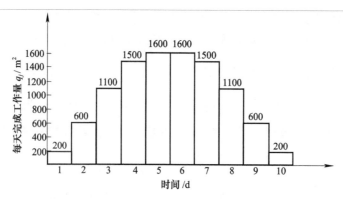

图6-15 每天完成工程量图

解：根据已知条件：

1）确定单位时间计划完成任务量，见表6-1。

表6-1 完成工程量汇总表

时间（天）	j	1	2	3	4	5	6	7	8	9	10
每天完成量/m²	q_j	200	600	1100	1500	1600	1600	1500	1100	600	200
累计完成量/m²	Q_j	200	800	1900	3400	5000	6600	8100	9200	9800	10000
累计完成百分比(%)	u_j	2	8	19	34	50	66	81	92	98	100

2）计算出累计完成任务量及累计完成百分比，见表6-1。

3）根据累计完成任务量绘制S形曲线，如图6-16所示。

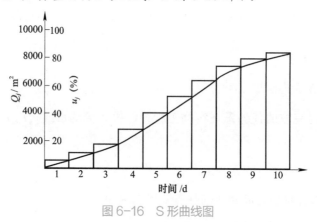

图6-16 S形曲线图

（二）S形曲线比较方法

利用S形曲线比较，是在图上直观地进行工程项目实际进度与计划进度比较。一般情况，进度控制人员在计划实施前绘制出计划S形曲线，在项目实施过程中，按规定时间将检查的实际完成任务情况绘制在与计划S形曲线同一张图上，可得出实际进度S形曲线，如图6-17所示。

模块六 施工进度计划控制

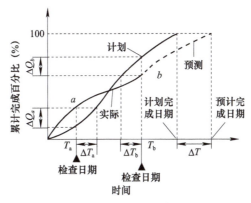

图 6-17　S 形曲线比较图

比较二条 S 形曲线可以得到如下信息：

1）工程项目实际进度与计划进度比较情况。当实际进展点落在计划 S 形曲线左侧则表示此时实际进度比计划进度超前；落在右侧则表示拖后；若刚好落在其上，则表示二者一致。

2）工程项目实际进度比计划进度超前或拖后的时间。

3）工程项目实际进度比计划进度超额或拖欠的任务量。

三、香蕉形曲线比较法

（一）香蕉形曲线的形成

香蕉形曲线是两种 S 形曲线组合成的闭合曲线。从 S 形曲线比较法中可知：每一个工程项目，计划时间和累计完成任务量之间的关系，都可以用一条 S 形曲线表示。一般说来，按任何一个工程项目的网络计划，都可以绘制出两种曲线：其一是以各项工作的计划最早开始时间安排进度而绘制的 S 形曲线，称为 ES 曲线；其二是以各项工作的计划最迟开始时间安排进度，而绘制的 S 形曲线，称为 LS 曲线。两条 S 形曲线都是从计划的开始时刻开始和完成时刻结束，因此两条曲线是闭合的。其余时刻，一般情况，ES 曲线上的各点均落在 LS 曲线相应点的左侧形成一个形如香蕉的曲线，故此称为香蕉形曲线，如图 6-18 所示。

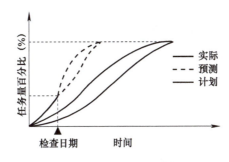

图 6-18　香蕉形曲线比较图

在项目的实施中进度控制的理想状况是任一时刻按实际进度描出的点，应落在该香蕉形曲线的区域内。

（二）香蕉形曲线比较法的作用

1）利用香蕉形曲线对进度进行合理安排。一个科学合理的进度计划优化曲线应处于香蕉形曲线所包络的区域之内。

2）定期比较工程项目的实际进度与计划进度。在工程项目的实施过程中，根据每次检查收集到的实际完成任务量，绘制出实际进度 S 形曲线，便可以与计划进度进行比较。

3）预测后期工程进展趋势。

（三）香蕉形曲线的绘制方法

香蕉形曲线的绘制方法与 S 形曲线的绘制方法基本相同，所不同之处在于它是以工作的最早开始时间和最迟开始时间分别绘制的两条 S 形曲线的组合。

绘制步骤如下：

1）以工程项目的网络计划为基础，计算各项工作的最早开始时间和最迟开始时间。

2）确定各项工作在各单位时间的计划完成任务量，分别按以下两种情况考虑：

① 根据各项工作按最早开始时间安排的进度计划，确定各项工作在各单位时间的计划完成任务量。

② 根据各项工作按最迟开始时间安排的进度计划，确定各项工作在各单位时间的计划完成任务量。

3）计算工程项目总任务量，即对所有工作在各单位时间计划完成的任务量累加求和。

4）分别根据各项工作按最早开始时间、最迟开始时间安排的进度计划，确定工程项目在各单位时间计划完成的任务量，即对各项工作在某一单位时间内计划完成的任务量求和。

5）分别根据各项工作按最早开始时间、最迟开始时间安排的进度计划，确定不同时间累计完成的任务量或任务量的百分比。

6）绘制香蕉形曲线。分别根据各项工作按最早开始时间、最迟开始时间安排的进度计划而确定的累计完成任务量或任务量的百分比描绘各点，并连接各点得到 ES 曲线和 LS 曲线，由 ES 曲线和 LS 曲线组成香蕉形曲线。

7）在工程项目实施过程中，根据检查得到的实际累计完成任务量，按同样的方法在原计划香蕉形曲线图上绘出实际进度曲线，便可以进行实际进度与计划进度的比较。

【案例 6-8】

某项目网络计划如图 6-19 所示，每项工作单位时间资源需求量见表 6-3，箭线上面为工作名称和时间参数，单位为天。试绘制香蕉形曲线。

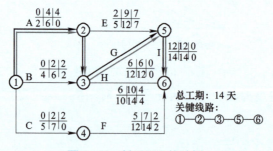

图 6-19　某项目网络计划

表 6-3 每项工作单位时间资源需求量

工作名称	A	B	C	D	E	F	G	H	I
单位时间资源需求量	60	30	50	40	70	40	50	30	50

解：（1）确定各项工作在各单位时间的计划完成任务量　根据已知条件，分别按以下两种情况考虑：

1）根据各项工作按最早开始时间安排的进度计划，确定不同时间累计完成的任务量，如图 6-20 所示。

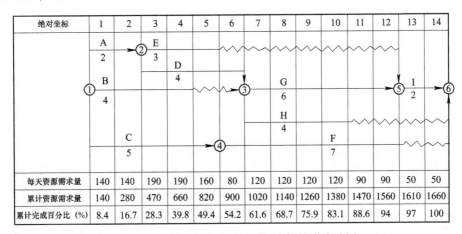

图 6-20　按工作最早开始时间安排的进度计划

2）根据各项工作按最迟开始时间安排的进度计划，确定不同时间累计完成的任务量，如图 6-21 所示。

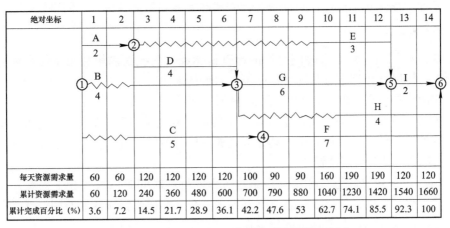

图 6-21　按工作最迟开始时间安排的进度计划

（2）绘制香蕉形曲线　分别根据各项工作按最早开始时间、最迟开始时间安排的进度计划而确定的累计完成任务量或任务量的百分比描绘各点，并连接各点得到 ES 曲线和 LS 曲线，由 ES 曲线和 LS 曲线组成香蕉形曲线，如图 6-22 所示。

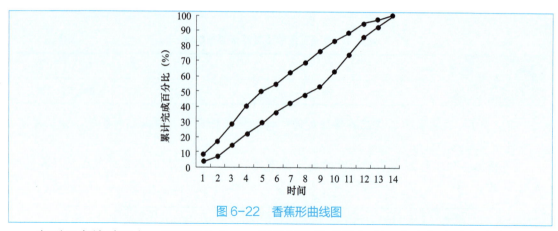

图 6-22　香蕉形曲线图

在项目实施过程中，按同样的方法，根据每次检查的各项工作实际完成的任务量，计算出不同时间实际完成任务量的百分比，并在香蕉形曲线的平面内给出实际进度曲线，便可以进行实际进度与计划进度的比较。

四、前锋线比较法

前锋线比较法是通过绘制某检查时刻工程项目实际进度前锋线，进行工程实际进度与计划进度比较的方法，它主要适用于时标网络计划。所谓前锋线，是指在原时标网络计划上，从检查时刻的时标点出发，用点画线依次将各项工作实际进展位置点连接而成的折线。

前锋线比较法就是通过实际进度前锋线与原进度计划中各工作箭线交点的位置来判断工作实际进度与计划进度的偏差，进而判定该偏差对后续工作及总工期影响程度的一种方法。

前锋线比较法步骤如下：

1．绘制时标网络计划图

为了方便和清楚起见，可在时标网络计划图的上方和下方各设一时间坐标。

2．绘制前锋线

一般从时标网络计划上方时间坐标的检查日画起，依次连接相邻工作的实际进展位置点，最后与时标网络计划下方时间坐标的检查日连接。

工作实际进展位置点的标定方法有以下两种：

（1）按该工作已完任务量比例进行标定　假定工程项目中各项工作匀速进展，根据实际进度检查时刻该工作已完任务量占其计划完成总任务量的比例，在工作箭线上从左到右按相同的比例标定其实际进展位置点。

（2）按尚需作业时间进行标定　当某些工作的持续时间难以按实物工程量来计算而只能凭经验估算时，可以先估算出检查时刻到该工作全部完成尚需作业的时间，然后在该工作箭线上从右向左逆向标定其实际进展位置点。

3．比较实际进度与计划进度

前锋线直观地反映出检查日有关工作实际进度与计划进度之间的关系，有以下三种情况：

1) 工作实际进展点位置与检查日时间坐标相同，则该工作实际进度与计划进度一致。

2）工作实际进展点位置在检查日时间坐标右侧，则该工作实际进度超前，超前天数为两者之差。

3）工作实际进展点位置在检查日时间坐标左侧，则该工作实际进展拖后，拖后天数为两者之差。

4．预测进度偏差对后续工作及总工期的影响

通过实际进度与计划进度的比较确定进度偏差后，还可根据工作的自由时差和总时差预测进度偏差对后续工作及项目总工期的影响。

前锋线比较法既适用于工作实际进度与计划进度之间的局部比较，又可用来分析和预测工程项目整体进度状况。

【案例 6-9】

如图 6-24 某分部工程施工网络计划，在第 4 周下班时检查，C 工作完成了该工作的 1/3 工作量，D 工作尚需 3 周才能完成，E 工作已全部完成该工作的工作量，试用前锋线法进行实际进度与计划进度的比较。

解：根据第 4 周末实际进度的检查结果绘制前锋线，如图 6-23 中点画线所示。

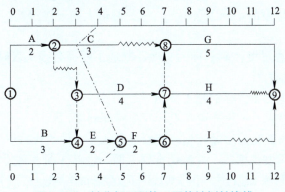

图 6-23　某分部工程施工网络计划前锋线

通过比较可以看出：

1）工作 C 实际进度拖后 1 周，其总时差和自由时差均为 2 周，既不影响总工期，也不影响其后续工作的正常进行。

2）工作 D 实际进度与计划进度相同，对总工期和后续工作均无影响。

3）工作 E 实际进度提前 1 周，对总工期无影响，将使其后续工作 F、I 的最早开始时间提前 1 周。

综上所述，该检查时刻各工作的实际进度对总工期无影响，将使工作 F、I 的最早开始时间提前 1 周。

五、列表比较法

当采用无时间坐标网络图计划时，也可以来用列表比较法，比较工程实际进度与计划进度的偏差情况。该方法是记录检查时应该进行的工作名称和已进行的天数，然后列表计算有关时间参数，根据原有总时差和尚有总时差判断实际进度与计划进度的比较方法。

小 结

本模块主要介绍了进度控制的基本概念、影响因素、措施，施工阶段进度控制的内容及在进度计划实施的过程中进行跟踪检查及进度计划的调整。常用的实际进度与计划进度的比较方法有横道图比较法、S形曲线比较法、香蕉形曲线比较法、前锋线比较法及列表比较法。

通过本模块的学习可以根据项目的不同情况选择不同的比较方法，然后进行分析、调整，最后保证项目按期完成。

能力训练

一、单项选择题

1. 建设工程进度控制的总目标是（ ）。
   A．提前交付　　　B．建设工期　　　C．定额工期　　　D．计划工期
2. 影响建设工程进度的不利因素中（ ）是最大的干扰因素。
   A．人为因素　　　B．设计因素　　　C．资金因素　　　D．组织管理因素
3. 为确保建设工程进度控制目标的实现，监理工程师必须认真制定进度控制措施。进度控制的技术措施主要有（ ）。
   A．对应急赶工给予优厚的赶工费用
   B．建立图纸审查、工程变更和设计变更管理制度
   C．审查承包商提交的进度计划，使承包商能在合理的状态下施工
   D．推行 CM 承发包模式，并协调合同工期与进度计划之间的关系
4. 在某大型建设项目施工过程中，由于处理地下文物造成工期延长后，所延长的工期（ ）。
   A．应由施工单位承担责任，采取赶工措施加以弥补
   B．经监理工程师核查证实后应纳入合同工期
   C．经监理工程师核查证实后，其中一半时间应纳入合同工期
   D．不需监理工程师核查证实，直接纳入合同工期
5. 在建设工程进度计划的实施过程中，监理工程师控制进度的关键步骤是（ ）。
   A．加工处理收集到的实际进度数据　　B．调查分析进度偏差产生的原因
   C．实际进度与计划进度的对比分析　　D．跟踪检查进度计划的执行情况
6. 在建设工程进度计划实施中，进度监测的系统过程包括以下工作内容：①实际进度与计划进度的比较；②收集实际进度数据；③数据整理、统计、分析；④建立进度数据采集系统；⑤进入进度调整系统。其正确的顺序是（ ）。
   A．1-3-4-2-5　　B．4-3-2-1-5　　C．4-2-3-1-5　　D．2-4-3-1-5
7. 当采用匀速进展横道图比较工作实际进度与计划进度时，如果表示实际进度的横道线右端点落在检查日期的左侧，该端点与检查日期的距离表示工作（ ）。
   A．拖欠的任务量　　　　　　　　　B．实际少投入的时间
   C．进度超前的时间　　　　　　　　D．实际多投入的时间

8. 当利用 S 形曲线进行实际进度与计划进度比较时，如果检查日期实际进展点落在计划 S 形曲线的右侧，则该实际进展点与计划 S 形曲线的水平距离表示工程项目（   ）。

  A．实际进度超前的时间   B．实际进度拖后的时间
  C．实际超额完成的任务量   D．实际拖欠的任务量

9. 在工程网络计划过程中，如果只发现工作 P 进度出现拖延，但拖延的时间未超过原计划总时差，则工作 P 实际进度（   ）。

  A．影响工程总工期，同时也影响其后续工作
  B．影响其后续工作，也有可能影响工程总工期
  C．既不影响工程总工期，也不影响其后续工作
  D．不影响工程总工期，但有可能影响其后续工作

10. 在某工程网络计划中，已知工作 M 的总时差和自由时差分别为 7 天和 4 天，监理工程师检查实际进度时，发现该工作的持续时间延长了 5 天，说明此时工作 M 的实际进度将其紧后工作的最早开始时间推迟（   ）。

  A．5 天，但不影响总工期   B．1 天，但不影响总工期
  C．5 天，并使总工期延长 1 天   D．4 天，并使总工期延长 2 天

二、多项选择题

1. 在建设工程实施过程中，监理工程师控制进度的组织措施包括（   ）。

  A．建立进度计划审核制度和工程进度报告制度
  B．审查承包商提交的进度计划，使其能在合理的状态下施工
  C．建立进度控制目标体系，明确进度控制人员及其职责分工
  D．建立进度信息沟通网络及计划实施中的检查分析制度
  E．采用网络计划技术并结合计算机的应用，对工程进度实施动态控制

2. 监理工程师控制建设工程施工阶段进度的工作内容包括（   ）。

  A．审核承包商调整后的施工进度计划   B．签发工程进度款支付凭证
  C．协助承包商确定工程延期时间   D．编制分部工程施工进度计划
  E．定期向业主提交施工进度报告

3. 只能从局部比较工程项目中各项工作实际进度与计划进度的方法有（   ）。

  A．匀速进展横道图比较法   B．S 形曲线比较法
  C．非匀速进度横道图比较法   D．前锋线比较法
  E．香蕉形曲线比较法

4. 某工作第 4 周之后的计划进度与实际进度如图 6-24 所示，从图中可获得的正确信息有（   ）。

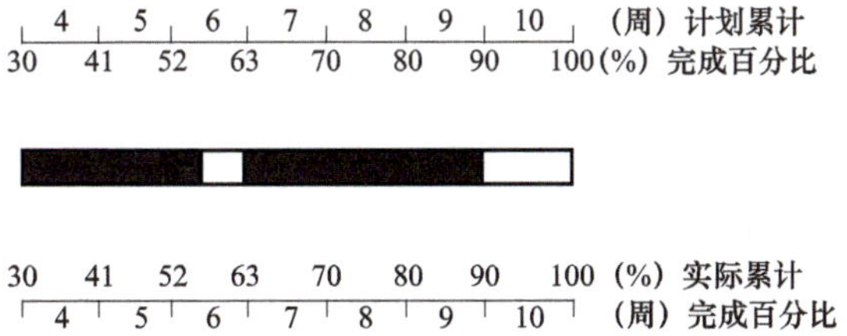

图 6-24   某工作计划进度与实际进度图

A．到第 3 周末，实际进度超前
B．在第 4 周内，实际进度超前
C．原计划第 4 周至第 6 周为均速进度
D．第 6 周后半周末进行本工作
E．本工作提前 1 周完成

5．某分部工程时标网络计划如图 6-25 所示，当设计执行到第 4 周末及第 8 周末时，检查实际进度如图中前锋线所示，该图表明（　　　）。

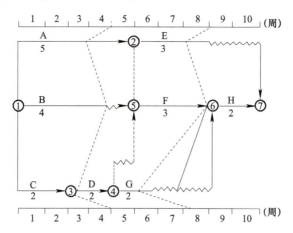

图 6-25　某分部工程时标网络计划图

A．第 4 周末检查时预计工期将延长 1 周
B．第 4 周末检查时只有工作 D 拖后而影响工期
C．第 4 周末检查时工作 A 尚有总时差 1 周
D．第 8 周末检查时工作 G 进度拖后并影响工期
E．第 8 周末检查时工作 E 实际进度不影响总工期

项目的进度控制分析（实际进度与计划进度对比分析）

一、实训目的

通过该项目的学习，我们可以熟练地掌握项目的实际进度与计划进度的对比分析的方法，分析原因、偏差，以及对偏差对计划工期产生的影响；工期索赔和费用索赔。

二、实训内容

背景：某建筑公司（承包方）与某建设单位（发包方）签订了建筑面积为 2100m² 的单层工业厂房的施工合同，合同工期为 20 周。承包方按时提交了施工方案和施工网络计划，如图 6-26 和表 6-4 所示，并获得工程师代表的批准，该项工程中各项工作的计划资金需用

量由承包方提交，经工程师代表审查批准后，作为施工阶段投资控制的依据。

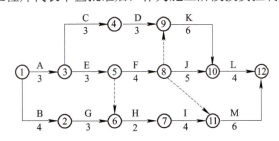

图 6-26　某工程施工网络计划图

表 6-4　网络计划工作时间及费用

工作名称	A	B	C	D	E	F	G	H	I	J	K	L	M
持续时间（周）	3	4	3	3	3	4	3	2	4	5	6	4	6
资金用量（万元）	10	12	8	15	24	28	22	16	12	26	30	23	24

指导教师可以根据题意自行确定比较的方法、检查的时间及工作完成的任务量，让同学们进行分析和比较。

三、实训要求

1. 认真阅读教材及实训资料，熟悉实际进度与计划进度对比分析的方法。

2. 每班分为 5 组，每组 10～11 人，在组长带领下完成实训工作。

3. 每组展示成果时间为 10min，由组长上台说明本组使用的比较方法及进行成果展示，并提交一份电子文档（可以是 Word 文档，也可是 PPT 文档）。

案例分析

案例 1

【背景】

某土方开挖工程计划 50 天完成，工程量为 10000m³。经监理工程师同意的承包方的施工进度计划为以每天开挖 200m³ 的均衡进度施工。

由于天气原因使开工时间推迟了 10 天时间。

【问题】

1. 请绘制以工程量表示的工程进度曲线。

2. 为了保证开挖工程按期完成，经分析确定原施工方案能以增加生产能力 25% 的速度赶工作业，试说明该赶工作业能否保证按原计划工期完工。

案例 2

【背景】某建设工程项目，合同工期 12 个月。承包人向监理机构呈交的施工进度计划

如图 6-27 所示。（图中工作持续时间单位为月）

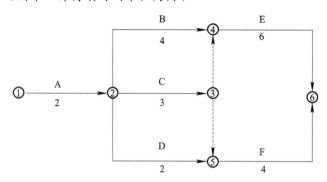

图 6-27　承包人呈交的施工进度计划

【问题】
1. 该施工进度计划的计算工期为多少个月？是否满足合同工期的要求？
2. 该施工进度计划中哪些工作应作为重点控制对象？为什么？
3. 施工过程中检查发现，工作 C 将拖后 1 个月完成，其他工作均按计划进行，工作 C 的拖后对工期有何影响？

案例 3

【背景】某工程双代号时标网络计划如图 6-28 所示。计划实施到第五月月末时检查发现，A 工作已完成 1/2 工程量，B 工作已完成 1/6 工作量，E 工作已完成 2/5 工程量。

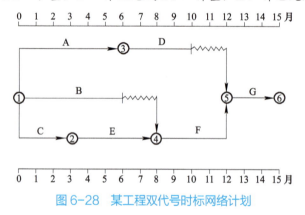

图 6-28　某工程双代号时标网络计划

【问题】
1. 在时标网络标出上述检查结果的实际进度前锋线。
2. 把检查结果填入检查结果分析表中。
3. 根据当前进度情况，如不做任何调整，工期将比原计划推迟多长时间？

检查结果分析表

工作代号	工作名称	检查时尚需作业时间（月）	到计划最迟完成尚余时间（月）	原有总时差（月）	尚有总时差（月）	进度偏差影响	
						影响工期（月）	影响紧后工作最早开始时间

案例 4

某工程项目时标网络计划如图 6-29 所示,图中时间单位为天。该计划执行到第 70 天末检查实际进度时,工作 A 和 B 已经全部完成,而工作 C 已经完成计划任务量的 60%,工作 E 尚需 30 天才能完成,工作 E 尚需 20 天才能完成,试用前锋线比较法进行实际进度与计划进度的比较。

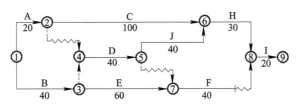

图 6-29　某工程时标网络计划

模块七

单位工程施工平面布置图

学习目标

> 熟悉施工平面布置图设计的依据、原则、内容。
> 掌握施工平面布置图的设计步骤。

建议学时

> 4学时

引导案例

某工程施工现场及施工平面布置如图7-1和图7-2所示。

图7-1 施工现场

图7-2 施工平面布置图

【引入问题】

1. 请同学回忆参加过的认识实习和生产实习过程，在建筑施工现场，大家都看到了什么？看到的这些物体都在什么位置？
2. 如果你是项目经理，你会如何进行现场规划和布置？

单元一 概　　述

建筑物从图纸上的平面形状成为立体的实物，需要在施工现场实现，而完成拟建工程所需要的施工材料、机械以及临时设施如何规划和布置才能使得施工现场有序、安全，就涉及施工平面布置的设计和管理。施工平面布置图是施工组织设计的重要组成部分，是依据拟建工程的施工方案和进度计划要求，对施工现场的起重机械、材料堆场、运输道路、临时设施、水电管网等做出合理规划布置，以起到提高生产效率、降低施工成本、保障施工现场秩序井然的作用。

一、施工平面布置图的意义

1）施工平面布置图是科学合理的规划和布置施工现场的基本依据。
2）施工平面布置图是能够按计划顺利施工的重要条件。
3）施工平面布置图是施工现场实现文明施工的基础。
4）施工平面布置图是提高施工效率、降低施工成本、实现工程质量的保证。

二、施工平面图设计的内容

施工平面图的内容由于拟建工程的性质不同、所处施工阶段不同等有所侧重且不断变化，如工程规模大、工期长、施工复杂的单位工程应按基础、主体结构、装修等施工阶段设计施工平面图；规模不大、工期较短的工程，一般考虑主体结构施工阶段的平面布置，也要兼顾其他施工阶段的需要。

单位工程施工平面图的比例尺一般采用 1:200～1:500，内容包括以下几个方面：

1）已建和拟建的地上、地下的建筑物的尺寸、位置；指北针、风向玫瑰图等。
2）起重机械、垂直运输机械、搅拌机械等的位置；起重机械的行驶路线、塔式起重机距建筑物的距离、塔式起重机的型号、起重量及回转半径等。
3）材料（施工机具）堆场、仓库以及加工厂的位置和面积。
4）施工现场内的道路布置、走向和尺寸；现场出入口的位置。
5）生活用临时设施，如工人宿舍、食堂、浴室等的位置、面积。
6）临时供水、电等管线接入的位置、走向。
7）安全、消防设施的位置、尺寸。
8）排水排污设施的位置。
9）其他需要布置的内容。

三、施工平面图设计的依据及原则

（一）施工平面图设计的依据

1. 原始资料

原始资料包括地质、地形、水文、气象等数据资料，主要用于布置排水排污设施，确定易燃易爆及有碍人体健康设施的位置；也包括交通运输、供水供电、当地物资资源、生产生活基本状况等资料，主要用于布置施工现场道路、出入口位置、水电管线走向，确定仓库堆场位置以及现场附近可被利用的生产生活设施。

2. 已建和拟建建筑相关情况的资料

1）已建和拟建建筑的施工图纸及相关资料。拟建建筑在建筑总平面图上的位置、尺寸以及与已建建筑的关系，是确定施工机械、道路、临时设施等布置的基础，还可以据此考虑是否有可以利用的已建房屋满足生产生活要求。
2）已有和拟建的地上、地下的管道位置，用于确定原有管道是否利用或拆除，设计时应尽量考虑利用原有资源，但如果有碍施工则考虑迁移或拆除，此外还应考虑新管道的敷设对其他工程的影响以及避免在拟建管道的位置上搭建临时设施。

3. 拟建建筑施工组织设计的资料

1）施工方案和施工进度计划。根据施工方案中采用的施工机械的型号及数量确定机械的位置，根据进度计划了解各个施工阶段的开展情况，对施工现场分阶段布置，节约用地。

2）资源需要量计划。根据劳动力、材料、构件、半成品的需要量计划，确定临时生活设施、仓库堆场、加工厂等的位置、面积和数量。

4. 其他资料

国家及地方关于施工现场安全施工、文明施工的法律、法规、标准等。

（二）施工平面图设计的原则

1）在满足安全施工、保证施工顺利进行的前提下，施工现场布置要紧凑，节约用地，少占或不占农田。

2）合理组织物资的运输，尽量缩短场内运距，减少二次搬运。依据编制的施工方案和进度计划，保证不影响连续施工的前提下，材料、构件应组织分期分批进场，以便充分利用场地；合理安排生产流程，不阻碍道路畅通，满足堆放要求的前提下，材料、半成品的堆场应尽量布置在使用地点附近，以减少二次搬运。

3）考虑到施工成本的节约，在满足顺利施工的前提下，尽量减少临时生产、生活设施的搭建。为了降低临时设施费，应尽可能利用已有设施，搭建的临时设施应利于工人生产和生活。

4）施工平面布置的内容应符合劳动保护、技术安全、防火的要求，根据工程具体情况，施工现场应配备各种劳保、安全、消防设施。

单元二　施工平面设计步骤

施工平面布置的基本思路是：收集、分析原始资料—确定垂直运输机械的位置—布置仓库、材料堆场和搅拌站的位置—运输道路的布置—临时设施的布置—水电管网的布置。

一、确定垂直运输机械的位置

工程施工中，垂直运输机械是承担垂直运输劳动力和建筑材料上下的机械设备和设施，它的位置直接影响到建筑材料、构配件、半成品的堆场和仓库位置，以及施工现场运输道路、临时水电管线的位置，所以确定垂直运输机械的位置是施工平面设计的第一步。实践表明，使用性能良好的、适合施工需要的垂直运输机械，进行合理的机械布置和管理，能在保证质量的前提下，减轻劳动强度，缩短工期，提高经济效益。

在施工现场常见的垂直运输的机械主要有三种：塔式起重机、龙门架（井字架）物料提升机和外用电梯。

1. 塔式起重机的布置

塔式起重机在施工中主要用于建筑结构和工业设备的安装，吊运建筑材料和构件，它的主要作用是重物的垂直运输和施工现场内的短距离水平运输。塔式起重机的布置应考虑以下方面：

1）塔式起重机的覆盖范围及起重能力。塔式起重机应尽可能覆盖全部施工场地，避免出现搬运"死角"或二次搬运（图7-3）。

2）塔式起重机位置与建筑物的相对关系。尽量避免对周边建筑物立面干涉，塔式起重机的尾部与周围建筑物及其外围施工设施之间的安全距离不小于0.6m，确保塔式起重机回转时与相邻建筑物及其他设施间的水平和垂直安全距离大于2m（图7-4）。

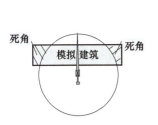

图7-3 塔式起重机布置方案

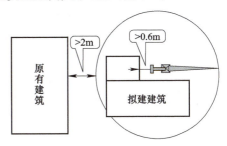

图7-4 塔式起重机的安全距离

3）群塔作业的安全距离。当多台塔式起重机在同一施工现场交叉作业时，应编制专项方案，并应采取防碰撞的安全措施。任意两台塔式起重机之间的最小架设距离应保证处于低位塔式起重机的起重臂端部与另一台塔式起重机的塔身之间至少有2m的距离；处于高位塔式起重机的最低位置的部件（吊钩升至最高点或平衡重的最低部位）与低位塔式起重机中处于最高位置部件之间的垂直距离不应小于2m（图7-5）。

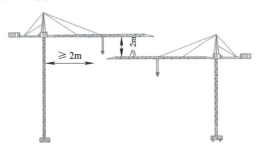

图7-5 塔式起重机群碰撞示意图

4）塔式起重机与架空输电线的安全距离。有架空输电线的场所，塔式起重机的任何部位与输电线的安全距离应符合下表7-1的规定（图7-6）。

图7-6 塔式起重机与输电线安全距离

表 7-1　塔式起重机与输电线的安全距离

安全距离 /m	电压 /kV				
	<1	1～15	20～40	60～110	220
沿垂直方向	1.5	3.0	4.0	5.0	6.0
沿水平方向	1.5	2.0	3.5	4.0	6.0

5）塔式起重机的拆除。塔式起重机布置应尽可能使塔式起重机拆至地面。如果施工结束，塔式起重机前臂方向存在建筑物的主体，将导致塔身无法拆除。

2．龙门架（井字架）物料提升机的布置

物料提升机是指额定起重量在 2000kg 以下，以地面卷扬机为牵引动力，由底架、立柱及天梁组成架体，吊笼沿导轨升降运动，垂直输送物料的起重设备。

（1）按结构形式的不同分类　物料提升机可分为龙门架式物料提升机和井架式物料提升机。

1）龙门架式物料提升机——以地面卷扬机为动力，由两根立柱与天梁构成门架式架体、吊篮（吊笼）在两立柱间沿轨道作垂直运动的提升机（图 7-7）。

2）井架式物料提升机——以地面卷扬机为动力，由型钢组成井字形架体、吊笼（吊篮），在井孔内或架体外侧沿轨道作垂直运动的提升机（图 7-8）。

（2）按架设高度的不同分类　物料提升机可分为高架物料提升机和低架物料提升机。

1）架设高度在 30m（含 30m）以下的物料提升机为低架物料提升机。

2）架设高度在 30m（不含 30m）至 150m 的物料提升机为高架物料提升机。

图 7-7　龙门架式物料提升机

图 7-8　井架式物料提升机

布置物料提升机要根据建筑物的平面和高度、机械的性能、施工段的划分界限、材料的重量及堆放位置、道路的布置等情况确定。若建筑物各部分的高度相同，则布置在施工段的界限处；若建筑物各部分的高度不相同，则布置在高低分界线处。另外，尽可能将物料提升机布置在建筑物的门窗洞口处，避免砌墙留槎。基础的位置应保证视线良好，物料提升机任意部位与建筑物或其他施工设备间的安全距离不应小于 0.6m；与外电线路的安全距离应符合现行行业标准《施工现场临时用电安全技术规范》JGJ46 的规定。卷扬机安装位置宜远离危险作业区，且视线良好。

3．施工外用电梯的布置

施工电梯是一种使用工作笼（吊笼）沿导轨架作垂直运动用来运送人员和物料的机械（图 7-9）。

图 7-9 施工外用电梯

施工电梯的布置应考虑便于运输材料、劳动力的地点；与现场的其他垂直运输机械保持一定距离，防止吊物与电梯吊笼相撞；尽量使施工电梯的出口与施工地点的平均距离较近，便于资源的水平运输；电梯立柱的纵向中心至建筑物的距离，应按照说明书并视现场的施工条件确定，优先选择较小距离，以利整机的稳定，一般地基承载力应不小于 100kPa，浇 C25 混凝土基础。

二、布置仓库、材料堆场和搅拌站的位置

施工现场常见的材料包括水泥、砂、石、砖、砌块、钢筋、预制构件等，搅拌站主要用于混凝土工程，主要用途为搅拌混合混凝土。为了运输和装卸的方便，仓库、材料堆场和搅拌站的位置应尽量靠近施工地点和垂直运输机械的服务范围内。

考虑到施工阶段、施工部位、使用的施工机械类型不同，仓库、材料堆场和搅拌站的布置应注意以下几点：

1）如果采用塔式起重机进行运输，仓库、材料堆场和搅拌站的位置应布置在塔式起重机的起重半径内；如果采用井架（龙门架）物料提升机和施工电梯运输时，仓库、材料堆场和搅拌站的位置应尽量靠近垂直运输机械，以缩短运距；如果采用无轨自行式起重机进行水平或垂直运输时，仓库、材料堆场和搅拌站等应沿起重机开行路线布置，且应在起重机有效起重幅度范围内，当混凝土基础的体积较大时，混凝土搅拌站可直接布置在基坑边缘附近，旁边考虑布置相应的沙石堆场，待混凝土浇筑完成后再转移。

2）建筑物基础、首层所用材料等宜沿建筑物的四周布置，堆放点应与基坑（槽）边有一定的安全距离，防止塌方；二层以上所用的材料应布置在垂直运输机械的附近；堆场按施工阶段的需要和材料设备使用的先后顺序来进行布置，提高场地使用的周转效率。

3）各种加工棚，包括木工棚、钢筋加工棚可布置在建筑物四周，并且应有一定的场地堆放木料、钢筋和成品；石灰仓库和淋灰池的位置要接近砂浆搅拌站并在下风向；沥青堆场及熬制锅的位置要离开易燃仓库或堆场，并布置在下风向。

三、运输道路的布置

运输道路的布置主要考虑材料等资源的运输和现场消防两个方面。

1）现场主要道路尽量利用永久性道路，最好围绕建筑物布置环形道路，保证车辆行驶畅通，并有回转的可能。

2）主干道宽度单行道不小于4m，双行道不小于6m；为满足消防要求，消防车道宽度不小于4m，端头处应有12m×12m的回车场，载重车转弯半径不宜小于15m。

3）主要道路路面要硬化，道路两侧应设有排水沟，便于排水。

四、临时设施的布置

施工现场的临时设施根据作用不同分为生产性临时设施，如钢筋加工棚、水泥仓库、油料库、搅拌机棚、水泵房等；非生产性临时设施，如办公室、宿舍、食堂、浴室、厕所等。

生产性临时设施的布置见前面相关内容。生活性临时设施的布置应遵循使用方便、有利施工、符合防火安全的原则，结合施工现场地形、道路规划等因素选择合适的地点，办公区、生产区和生活区宜分离设置。临时设施尽可能采用活动式、装拆式结构或就地取材。通常，办公室宜设在工地入口处；施工人员的宿舍宜设在场外，宿舍内应保证有必要的生活空间，室内净高不得小于2.4m，通道宽度不得小于0.9m，每间宿舍居住人员不得超过16人，施工人员的福利设施宜设在人员较集中的地方，或出入必经之处。

五、水电管网的布置

1. 施工现场临时供水管线的布置

现场的临时用水包括生产、生活、消防用水。施工临时用水是从建设单位指定的已修建的给水系干线接入，场内管线一般沿道路布置，将支线引到所有施工用水点。供水管线的布置原则如下：主要供水管线采用环状，孤立点可设枝状；尽量利用已有的或提前修建的永久管道；管线的敷设可选择明敷或者暗敷法，最好选择埋置于地下，以防重压；工地现场要设消防栓，沿道路布置，消防栓间距不大于120m，距拟建建筑应不小于5m，也不大于25m，距路边不大于2m。

2. 施工现场临时供电管线的布置

临时总变电站应设在高压线进入工地处，尽量避免高压线穿过工地。临时供电线路宜布置在围墙边或路边，与地面距离不小于6m，距建筑物或脚手架不小于4m，距塔式起重机所吊物体的边缘不小于2m。

不能满足上述要求或在塔吊控制范围内，宜埋设电缆，深度不小于0.6m。

【案例7-1】

某工程施工平面布置如图7-10所示。

【说明】1）由于施工现场十分狭窄，材料堆放尽量设在塔式起重机覆盖的范围内，减少二次搬运。电线、电缆采用暗敷，消防栓设置在路边明敞处。

2）为加快施工速度，解决水平垂直运输，在四号和五号楼南侧布置两台塔式起重机工作。

3）由于结构施工使用预拌混凝土，不考虑混凝土搅拌站。

4）钢筋加工在场外进行，成型后运进现场，材料堆场设在两栋楼中间位置。

5）由于场地狭窄，办公区建在场外南侧，生活区不建在场内。

6）加工棚布置在现场南侧，采取消声措施。

7）现场按照间距40m左右安装消防栓，施工时保证每个火险点都能得到及时扑灭。

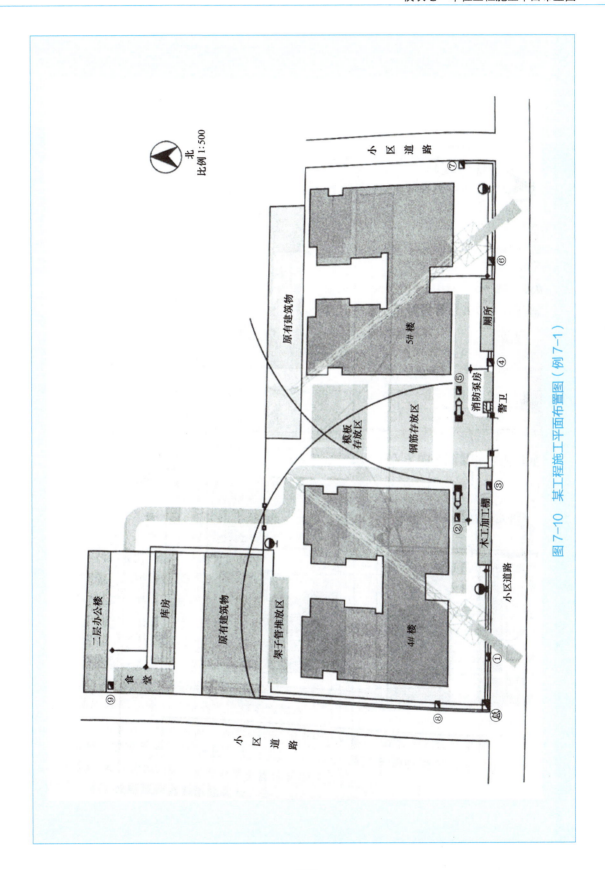

图 7-10　某工程施工平面布置图（例 7-1）

[案例 7-2]

某工程施工平面布置如图 7-11 所示。

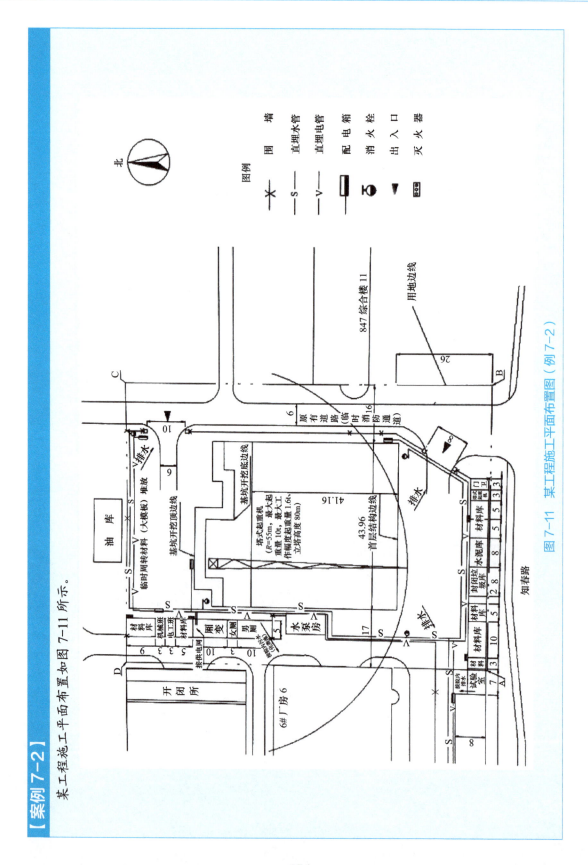

图 7-11 某工程施工平面布置图（例 7-2）

【说明】1）主体结构施工时在建筑物北侧布置一台塔式起重机，塔式起重机大臂端部距离建筑物南侧110kV高压电缆不小于2m，材料仓库基本位于塔式起重机的服务半径之内。

2）施工现场建筑物南侧设置木工棚、钢筋加工棚及材料堆场，在结构施工期间，北侧地下汽车坡道暂缓施工，作为大模板堆放区域。油库属于易燃易爆区，安排在人少之处，方便管理。

3）现场东南角、东侧偏北处各设一个施工入口，道路采用混凝土路面，明沟排水，由于建筑物距离东侧、西侧围墙较近，故施工现场消防通道不能形成环路，考虑利用东侧围墙外原有道路和西侧围墙外甲方院内道路作为临时消防通道，并于现场建筑物北侧形成消防回转道路。

4）施工区和生活区实行区域分离。

5）施工临时供水利用建筑物西侧甲方原有蓄水池，在现场西北侧设450kV配电室，由甲方开闭所引入两路电缆，干线全部采用地埋方式。

6）现场周围布置五处地下消防栓，满足消防要求。

小 结

建筑物由蓝图成为实体的过程是一个复杂多变的过程，是需要各种资源如材料、机械、劳动力共同配合完成的。不同工程在不同施工阶段，施工现场布置的内容也各有侧重且不断变化。规模较大的工程，针对基础工程、主体结构工程、装饰工程需要分别设计施工平面图，以便将施工现场的合理布置生动具体地反映出来。在布置各阶段的施工平面图时，对整个施工时期使用的主要道路、水电管线和临时设施等，不要轻易变动，以节约成本。规模较小的工程，按主要施工阶段的要求布置施工平面图同时要兼顾其他施工阶段。总之，科学、合理的施工平面图设计对实现工程质量、保证施工进度、节约成本有着重要的意义。

能力训练

一、单项选择题

1. 施工平面布置的基本步骤是（　　）。

    A．确定垂直运输机械的位置—布置仓库、材料堆场和搅拌站的位置—运输道路的布置—临时设施的布置—水电管网的布置

    B．运输道路的布置—布置仓库、材料堆场和搅拌站的位置—确定垂直运输机械的位置—临时设施的布置—水电管网的布置

    C．临时设施的布置—水电管网的布置—确定垂直运输机械的位置—布置仓库、材料堆场和搅拌站的位置—运输道路的布置

D. 水电管网的布置—临时设施的布置—运输道路的布置—确定垂直运输机械的位置—布置仓库、材料堆场和搅拌站的位置

2. 关于施工平面布置，下列说法正确的是（   ）。
   A. 为减少工人往返时间，生产区和生活区应布置在一个区域内
   B. 材料、构件堆场应远离施工区域和使用地点
   C. 塔式起重机应尽可能覆盖全部施工场地，避免出现搬运"死角"
   D. 现场主要道路尽量利用永久性道路，最好围绕建筑物布置环形道路，路宽不大于4m

3. 施工平面设计的要求中，消防栓间距应不大于（   ）m。
   A. 60   B. 80
   C. 100   D. 120

二、多项选择题

1. 施工平面图的设计内容包括（   ）。
   A. 已建和拟建建筑物的位置、尺寸；安全、消防设施的位置、尺寸；排水排污设施的位置
   B. 垂直运输机械的位置，塔式起重机距建筑物的距离、塔式起重机的型号起重量及回转半径等
   C. 材料（施工机具）堆场、仓库以及加工厂的位置和面积
   D. 施工现场内的道路布置；临时设施的布置；临时供水、电管线接入的位置、走向
   E. 施工进度计划和资源需要量计划

2. 施工平面图的设计依据有（   ）。
   A. 资源需要量计划
   B. 地质、地形、水文、气象等数据资料
   C. 拟建建筑的施工图纸；已有和拟建的地上、地下的管道位置
   D. 钢筋、木材加工场地
   E. 施工方案和施工进度计划

3. 施工平面图的设计应遵循（   ）原则。
   A. 尽量减少使用原有设施保证安全
   B. 根据工程实际情况，施工现场可以不配备劳保、安全、消防设施
   C. 施工现场布置要紧凑，节约用地，少占或不占农田
   D. 合理组织物资的运输，尽量缩短场内运距，减少二次搬运
   E. 依据编制的施工方案和进度计划，合理组织材料进场，以便充分利用场地

4. 施工现场的临时用水包括（   ）。
   A. 施工现场生活用水   B. 施工现场生产用水
   C. 施工现场消防用水   D. 基坑降水
   E. 附近住宅用水

5. 塔式起重机的布置应考虑（   ）影响。
   A. 塔式起重机的覆盖范围及起重能力
   B. 施工段的划分

C. 群塔作业的安全距离
D. 塔式起重机位置与建筑物的相对关系
E. 塔式起重机与架空输电线的安全距离

绘制某工程现场施工平面布置图

一、实训目的

掌握施工平面布置图的设计步骤及方法。

二、实训内容

根据施工平面布置原则和步骤，依据图 7-12 所给的信息，进行施工现场平面图设计。

三、实训要求

施工现场平面图要结合工程实际情况，综合考虑设计原则、内容，实现经济合理的规划和布置。

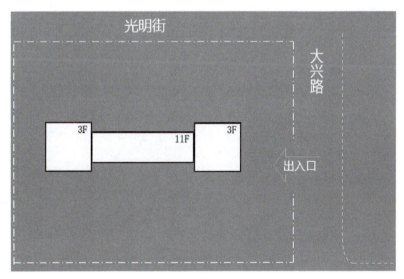

图 7-12　某工程施工现场示意图

案例分析

案例 1

【背景】某住宅楼工程，基坑南北长 400m，东西宽 200m。沿基坑四周设置 3.5m 宽的环形施工临时道路，道路距离基坑边缘3m，并沿基坑支护体系上口设置6个消防栓。监理工程师认为不满足相关规范，要求整改。

根据该工程的施工方案，布置两台塔式起重机，工地设置环形道路，道路一侧设临时用水、用电，现场不建设民工宿舍和混凝土搅拌站。

【问题】

1. 指出监理工程师要求整改的具体错误之处，分别说明理由。
2. 进行该工程施工平面图的设计时，以上内容的布置的先后顺序应该是什么？

案例2

【背景】 某建筑工程，地下一层，地上十六层，总建筑面积为28000m^2，该工程位于闹市中心，现场场地狭小。施工单位为降低成本，现场只设置了一条3m宽的施工道路兼做消防通道。建筑呈长方形，在其斜对角布置了两个临时消防栓，两者之间相距86m，其中一个距拟建建筑物3m，另一个距路边3m。为了迎接上级单位的检查，施工单位临时在工地入口处的围墙上悬挂了"五牌一图"，检查小组离开后，项目经理立即找人将之拆下运至仓库保管，以备再检查时用。

【问题】

1. 该工程设置的消防通道是否合理？为什么？
2. 该工程设置的消防栓是否合理？为什么？
3. 施工现场的"五牌一图"指什么？项目经理的做法是否正确？

模块八

单位工程施工组织设计的编制

学习目标

➢ 掌握单位工程施工组织设计的编制内容。
➢ 能够编制单位工程施工组织设计。

建议学时

➢ 6～10学时

知识链接

单位工程施工组织设计是一个将建筑物蓝图转化成实物的具有指导性的文件，内容涵盖了施工全过程的部署、技术方案的选择、进度计划及相关的资源需用量计划、各种组织保障措施（图8-1），是对项目全过程的管理性文件。

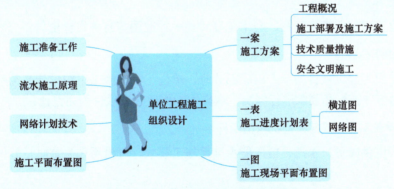

图8-1 单位工程施工组织设计组成

同学们，前面学习了这么多知识，你对所学知识有系统性的认识吗？我们学了这么多知识，究竟该怎么使用的呢？让我们在本模块中寻找答案吧。

【引入问题】

1. 我们学过两种施工组织进度计划的表达，请同学们思考一下，在编制单位工程施工组织设计时，一般会采用哪种方法表达进度计划呢？

2. 请同学们通过对建筑工地的观察，描述一下施工现场中，建筑材料、机械、临时设施等的位置。

单元一 概 述

单位工程施工组织设计是由建筑施工企业依据国家的政策和现行技术法规及工程设计

图样的要求，针对拟建工程的具体情况而编制的，用以规划和指导拟建工程从施工准备到竣工验收全过程施工活动的技术经济文件。

其任务是根据施工组织总设计和有关原始资料，从拟建工程施工全过程的人力、物力和空间三要素入手，结合施工实际条件，进行施工方案的合理选择，确定分部（分项）工程之间的科学合理的搭接与配合关系，设计出符合施工现场实际情况的施工平面布置图，从而实现优质、低耗、快速的施工目标。

单位工程施工组织设计是施工前的一项重要准备工作，也是施工企业实现生产科学管理的重要手段。它既要体现拟建工程的设计和使用要求，又要符合建筑施工的客观规律，对施工的全过程起战略部署或战术安排的作用。

一、单位工程施工组织设计的编制依据

单位工程施工组织设计应以拟建工程的类型和性质、建设地区的自然条件和技术经济条件及施工企业收集的其他原始资料等作为编制依据，主要应包括以下内容。

1. 工程施工合同或招标投标文件

工程施工合同包括工程范围和内容，工程开、竣工日期，工程质量保修期及保养条件，工程造价，工程价款的支付、结算及交工验收办法等。

2. 经过会审的施工图

包括单位工程的全部施工图、会审纪要和相关标准图等有关设计资料。

3. 施工组织总设计

当单位工程为建设项目的一个组成部分时，单位工程的施工组织设计必须按照施工组织总设计确定的各项指标和要求进行编制，这样才能保证建设项目的完整性。

4. 建设单位对工程施工可能提供的条件

包括水、电供应量，水压、电压能否满足施工要求，可借用作为临时设施的施工用房、施工用地等。

5. 工程预算文件及有关定额

应有详细的分部（分项）工程量及预算定额和施工定额。

6. 本工程的资源配备情况

如劳动力、材料、构件、半成品、主要机械设备的来源和供应情况。

7. 施工条件及施工现场的勘察资料

包括施工现场的地形地貌，地上与地下障碍物，工程地质和水文地质情况，施工地区的气象资料；永久性或临时水准点、控制线等；场地可利用的面积和范围；交通运输的道路情况等。

8. 施工企业的生产能力

包括机具设备状况、技术水平等，如劳动力、技术人员和管理人员的情况，现有的机械设备；可提供的专业工人人数、施工机械台班数等。

9. 有关的规范、规程和标准

与工程建设有关的法律、法规和文件及国家现行有关标准和技术经济指标等。

10. 同类工程经验

二、单位工程施工组织设计的内容

单位工程施工组织设计的内容一般应包括如下几点：

1. 工程概况

主要包括建筑概况、结构设计概况、施工特点分析和施工条件等内容。

2. 施工方案

主要包括确定施工程序和施工起点流向、划分施工段、确定施工顺序、主要分部（分项）工程施工方法和施工机械的选择等内容。

3. 单位工程施工进度计划

主要包括确定各分部（分项）工程名称、计算工程量、劳动量和机械台班量、计算工作持续时间、确定施工班组人数及安排施工进度等内容。

4. 单位工程施工平面图设计

主要包括：确定起重垂直运输机械、临时设施、材料及预制构件堆场布置，运输道路布置，临时供水、供电管线的布置等内容。

5. 主要技术经济指标

主要包括工期指标、工程质量指标、安全指标、降低成本指标等内容。

另外，单位工程施工组织设计的内容还包括劳动力、材料、构件、施工机械的需要量计划，确保工程质量、安全，降低成本的技术组织措施等内容。

单位工程施工组织设计的编制内容是根据工程的规模大小、技术上的复杂程度、施工现场的自然条件、建设工期的要求、采用技术是否先进、施工企业的技术力量、施工的机械化程度等因素确定的。因此，不同的单位工程与施工方法，施工组织设计的内容广度和深度也不相同，每个单位工程施工组织设计的内容和重点不强求一致，但内容必须简明扼要，一切从真正解决实际问题出发，在施工中起到指导作用。在编制时应抓住关键环节处理好各自内容之间的相互关系，重点编好施工方案、施工进度计划表、施工平面图，简称"一案一表一图"。

三、单位工程施工组织设计的编制程序

单位工程施工组织设计的编制程序是指对其各组成部分形成的先后顺序及相互制约关系的处理。由于单位施工组织设计是施工单位用于指导施工的文件，必须结合具体工程实际，在编制前会同有关部门和人员，在调查研究的基础上，共同研究和讨论其主要的技术措施和组织措施。单位工程施工组织设计的编制程序如图8-2所示。

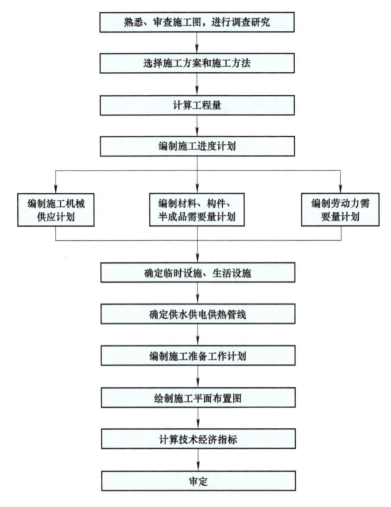

图 8-2　单位工程施工组织设计编制程序

四、施工组织设计编制的基本原则

编制单位工程施工组织设计，群体工程中的单位工程除应首先遵循施工组织总设计的编制原则外，还应遵循以下基本原则：

1. 合理安排施工顺序

不论何种类型的工程施工，都有其客观的施工顺序。按照施工的客观规律和建筑产品的工艺要求合理地安排施工顺序，是编制单位工程施工组织设计的重要原则，这是必须严格遵守的。

在施工组织中，一般应将工程施工对象按工艺特征进行科学分解，然后在它们之间组织流水施工作业，使之搭接最大、衔接紧凑、工期较短。合理的施工顺序不仅要达到紧凑均衡的要求，而且还要注意施工的安全，尤其是立体交叉作业更要采取必要而可靠的安全措施。

2. 采用先进的施工技术和施工组织措施

采用先进的施工技术是提高劳动生产率、保证工程质量、加快施工进度、降低施工成本、减轻劳动强度的重要途径。但是，在具体编制单位施工组织设计时选用新技术应从企业的实际出发，以实事求是的态度，在调查研究的基础上，经过科学分析和基础论证，慎重对待，既要考虑其先进性，更要考虑其适用性和经济性。

先进的组织管理是提高社会效益和经济效益的重要措施。为实现工程施工组织科学化、规范化、高效化管理，应当采用科学的、先进的施工组织措施（如组织流水施工作业、网络计划技术、计算机应用技术、项目经理制、岗位责任制等）。

3. 专业工种的合理搭接和密切配合

随着科学技术的发展社会的进步和物质文化水平的提高，建筑施工对象也日趋复杂化、高技术化，在许多工程的施工中，一些专业工种相互联系、相互依存、相互制约。因此，要完成一个工程的施工，涉及的工种将越来越多，相互之间的配合，对工程施工进度的影响也越来越大，这就需要在施工组织设计中做出科学安排。单位工程的施工组织设计要有预见性和计划性，既要使各施工过程、专业工种顺利进行施工，又要使它们尽可能实现搭接和交叉，以缩短施工工期，以提高经济效益。

4. 对多种施工方案要进行技术经济分析

任何一个工程的施工必然有多种施工方案，在单位工程施工组织设计中，应根据各方面的实际情况，对主要工种工程的施工方案和主要施工机械的作业方案，进行充分的论证，通过技术经济分析，选择技术先进、经济合理且符合施工现场实际、适合施工企业的方案。

5. 确保工程质量和施工安全

"百年大计，质量第一"和"工程施工，安全第一"是每个工程施工中永恒的主题。在单位施工组织设计中，应根据施工的具体条件，制定出保证质量、降低成本和安全施工的措施，务必做到切合实际、有的放矢、措施得力。

单元二 单位工程施工组织设计实训（框架结构）

编制任务： 某教学楼工程位于××学校院内，紧邻市区主干道。教学楼为六层现浇钢筋混凝土框架结构，总建筑面积 $6218.68m^2$，建筑物长 52m，宽 20.8m，总高度 23.95m，室内外高差 0.85m，第一层的层高 4m，二层以上层高 3.6m（其平面简图见图 8-3）。该工程投资约 500 多万元，采用公开招标。施工合同已签订，计划 2009 年 2 月 1 日开工，2009 年 10 月底竣工。请编制一份单位工程施工组织设计。

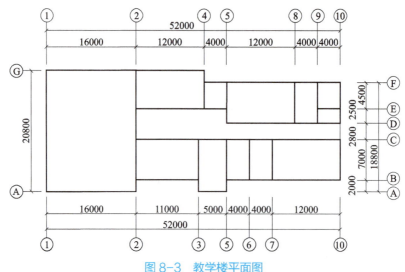

图 8-3 教学楼平面图

一、工程概况的编制

工程概况应包括工程主要情况、各专业设计简介和工程施工条件等。工程概况和施工条件分析是对拟建工程的特点、地区特征和施工条件等所做的一个简要的、重点的介绍，其主要内容包括以下几个方面：

1）工程主要情况包括：工程名称、性质和地理位置；工程的建设、勘察、设计、监理和总承包等相关单位的情况；工程承包范围和分包工程范围；施工合同、招标文件或总承包单位对工程施工的重点要求；其他应说明的情况。

2）建筑设计简介应根据建设单位提供的建筑设计文件进行描述，包括建筑规模、建筑功能、建筑特点、耐火等级、防水及节能要求等，并应简单描述工程的主要装修做法。

3）结构设计简介应根据建设单位提供的结构设计文件进行描述，包括结构形式、地基基础形式、结构安全等级、抗震设防类别、主要结构构件类型及要求等。

4）机电及设备安装专业设计简介应根据建设单位提供的各相关专业设计文件进行描述，包括给水排水、供暖、通风与空调、电气、智能化、电梯等各个专业系统的做法要求。

5）工程施工条件包括：项目建设地点气象状况，项目施工区域地形和工程水文地质状况，项目施工区域地上、地下管线及相邻的地上、地下建（构）筑物情况，与项目施工有关的道路、河流等状况，当地建筑材料、设备供应和交通运输等服务能力状况，当地供电、供水、供热和通信能力状况，其他与施工有关的主要因素。

【案例 8-1】

1. 工程建设概况

教学楼工程位于××学校院内，紧邻市区主干道，交通便利。本工程为六层现浇钢筋混凝土框架结构，总建筑面积 6218.68m²，建筑物长 52m，宽 20.8m，总高度 23.95m，室内外高差 0.85m，第一层的层高 4m，二层以上层高 3.6m。该工程投资约 500 多万元，采用公开招标。施工合同已签订，计划 2009 年 2 月 1 日开工，2009 年 10 月底竣工。

2. 建筑设计概况

（1）内外墙体　除卫生间及特殊注明部位外均为400mm厚加气混凝土块。

（2）门窗　外墙部位采用80系列塑钢窗和90系列铝合金窗，设备间及楼梯间疏散口采用钢质防火门，其他教室及办公室采用木夹板门，木门外刷浅灰色磁漆两遍。

（3）室内装饰　一层楼梯间、走廊及一层展厅、门厅为米黄色地板砖；二层以上除楼面楼梯间、走廊采用暗红色地板砖外，其他房间地面为米黄色地板砖面层；一层展厅及门厅顶棚采用亚白色微孔方形铝合金板吊顶，房间及公共部分内墙及顶棚为混合砂浆刮腻子刷亚白色乳胶漆，卫生间、走廊及楼梯间墙面采用彩釉面砖，顶棚为水泥砂浆刷白色乳胶漆。

（4）外墙面装饰　外墙立面采用浅灰色外墙面砖，入口处立柱采用浅灰色磨光花岗岩，其他为米黄色外墙面砖。

（5）屋面　屋面为二级防水上人屋面，采用SBS改性沥青卷材防水层，70mm厚水泥聚苯板保温层。

3. 结构设计概况

该工程主体为现浇钢筋混凝土框架结构，抗震设计按地震烈度7度设防，建筑抗震设防类别为丙类，框架抗震等级为三级，框架柱、梁、板混凝土强度等级二层以下为C35，二层以上为C30；地基基础设计等级为乙级，地基基础设计为C30人工挖孔混凝土灌注桩，设计桩长为11.5m，桩径为900mm，共计41根桩，最大单根承载力为300kN。

4. 安装工程设计概况

（1）电气工程　本工程设计为配电与照明系统、防雷与接地系统、电话通信系统、CATV电视系统、有线广播系统、计算机网络和电话系统。

电力干线采用镀锌钢管，消防管路全部采用镀锌钢管，其余采用PVC电线管，防雷措施采用避雷网与柱内两根主筋焊接，在各引入点距地1.5m处做断接卡子，在距墙（外墙）3m处做一环形接地网。

（2）管道工程　本工程设计内容为生活给水系统、排水系统、消防给水系统等。

生活给水系统横支管采用PPR管，热熔连接，其余生活给水管均采用涂塑镀锌钢管，螺扣连接；消防给水系统给水管采用镀锌焊接钢管，附件处采用法兰连接；排水系统排水立管采用内螺旋UPVC管，其余采用UPVC管，胶黏剂黏结；消防器材采用SQS形地上式消防水泵接合器。

5. 施工条件

本工程"三通一平"已完成，施工现场交通运输比较方便，可通过大型施工车辆，水、电可直接与市区水、电管网连接，直接在施工现场边缘提供水、电接驳点，供水管径为50mm，用电负荷可供150kW，办公室和生活临时设施也已修建，施工机具、施工队伍及其他施工准备工作均已落实，开工条件已具备。

施工期间主导风向为东南风，基本风压$0.45kN/m^2$，雨季在七、八月，最大降雨量189.4mm。地下水位较深，对施工没有影响。土质有轻微湿陷性，稳定性较好；表层土为

1.2～2.6m 厚的杂填土，以下为粉土。

　　本工程处于教学区，紧临 1# 教学楼，施工期间不得妨碍学校的正常上课，确保学校师生员工安全，文明施工。为减少噪声、加快施工进度，现场不设混凝土搅拌站，采用泵送商品混凝土；现浇梁板的模板采用 12mm 厚木胶合板。

二、施工方案的编制

　　主要施工方案是施工组织设计的核心内容。确定施工方案包括确定总的施工顺序及确定施工流向，主要分部分项工程的划分及其施工方法的选择、施工段的划分、施工机械的选择、技术组织措施的拟定等。

　　单位工程应按照现行国家标准《建筑工程施工质量验收统一标准》中分部、分项工程的划分原则，对主要分部、分项工程制订施工方案。对脚手架工程、起重吊装工程、临时用水用电工程、季节性施工等专项工程所采用的施工方案应进行必要的验算和说明。

【案例 8-2】主要施工方案（部分内容）

1. 确定施工程序及流向

　　根据先地下后地上、先主体后围护、先结构后装修、先土建后设备的原则，以及工程结构和施工特点，本工程总的施工程序可划分为四个施工阶段：地下工程、主体结构工程、围护工程和装饰工程。外装修可与屋面工程同时施工，内装修必须在屋面刚性防水层施工完后才能进行。

　　基础施工阶段划分为两个施工段，自西向东施工；主体工程同一平面上划分为两个施工段，六层共 12 段，自下而上分层施工（图 8-4）；屋面工程不分段，顺序施工；室外装饰工程不分段，自上而下完成；室内装饰一层一段，自上而下进行。由于工期短、质量要求高，不同的分部分项工程之间可组织平行、搭接、立体交叉流水作业，屋面工程、墙体工程、地面工程应密切配合。外脚手架应配合主体工程，且在室外装饰之后做散水之前拆除。

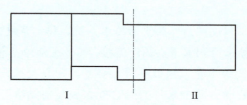

图 8-4　基础与主体阶段施工段划分

2. 主要工种的施工方法、施工机械选择

　　（1）基础工程　本工程地基基础采用钢筋混凝土挖孔桩基础，其施工顺序如图 8-5 所示。

人工挖孔桩 → 土方开挖 → 基础垫层 → 混凝土桩承台、基础梁 → 砖基础 → 回填土

图 8-5　基础工程施工顺序

　　1) 人工挖孔桩。工艺流程为：定位放线 → 机具就位 → 人工挖孔 → 验孔 → 安放钢筋

笼→灌注混凝土→试桩。

① 定位放线：依据建筑物测量控制网资料和桩基础平面图，测定桩位控制网和高程基准点，确定好桩位中心。以桩位中心为圆心，以桩身半径加护壁厚度为半径画出桩位开挖线。

定桩位：采用 50mm×50mm×300mm 的小木桩插入桩中心作桩位标识，并在每个桩位上砌筑砖圈，用水泥砂浆粉顶压光，将桩号及桩位定位墨线标上去。

确定深度：根据高程确定每个桩顶标高和桩底标高，确保桩顶、桩底都各在同一个平面上。

② 开挖桩孔土方：人工挖孔采用工地常规机具，包括提升工具、挖土工具、运土工具、小直径插入式振动器、平板振捣仪、插钎、串筒、吊挂式软爬梯、井内外照明设施、潜水泵、空气压缩机及胶皮软管等。挖土时，配备经纬仪、水准仪各一台，随时控制基底标高。采用汽车运土，其他小型机械按工地需要配给。

开挖桩孔应从上到下逐层进行，先挖中间部分土方，然后向周边扩挖，严格控制桩孔底截面尺寸。开挖时应根据土质条件的设计规定确定每节底面高度，每挖完一节，必须根据桩孔口上顶面轴线吊直、修边，使孔壁圆弧保持上下顺直一致。

③ 安放钢筋笼：钢筋笼按设计要求配置，采用汽车起重机运输及吊装。

运输及吊装时应防止钢筋笼扭转弯曲变形。钢筋笼放入前应在四周绑好砂浆垫块，作为定位垫块。吊放钢筋笼时，要对难孔位，直吊扶稳，缓慢下沉，避免碰撞孔壁。钢筋笼吊至设计位置时，应立即固定。

④ 灌注混凝土：本工程拟采用混凝土泵送车布料机灌注混凝土。

灌注混凝土时应连续进行，分层振捣密实。第一步灌注至扩底部位的顶面，然后灌注上部混凝土。分层振捣厚度不宜大于 1.5m。

2）土方开挖。土方开挖前应进行场地平整，绘制基坑土方开挖图，确定开挖路线、顺序、基底标高、边坡坡度及土方堆放地点。

本工程采用人工挖土，放坡开挖，坡度系数为 0.33，自东向西进行。由于施工现场场地小，挖出的土要立即用翻斗车、单轮手推车将土方随挖随运至指定地点，待室内回填土时运回。

3）基础垫层。垫层采用 100mm 厚的 C10 混凝土，沿基底连续浇筑，标高控制准确，注意表面平整，用平板振捣器进行往复振捣密实。

4）混凝土桩承台、基础梁。钢筋混凝土桩承台、基础梁采用普通组合钢模板，应控制好模板的位置和稳定性。绑扎钢筋时，应注意控制保护层的厚度及底板钢筋位置和柱的插筋。桩承台钢筋绑扎前应先在垫层上弹好钢筋的分档位置线，按弹好的位置线摆放好钢筋并进行绑扎。桩头进入承台尺寸为 50mm。混凝土捣实时应特别注意角、边等处的密实性，分台阶浇筑和捣实。基础梁原槽浇筑。

5）砖基础。砖基础采用一顺一丁组砌形式、等高式大放脚。基础砌筑应检查垫层的水平和控制基础的轴线、边线位置，注意退台的砌筑要求灰缝的厚度。

6）回填土。基础回填土应在基础拆模及外围基础墙砌好后立即进行，以便外架子的搭设。室内回填土可在一层楼板模板及支撑拆除、基础墙砌筑完毕后进行。土方回填拟采用人工填土和机械填土压实相结合的方法进行。

> 工艺流程：基坑底清理→检验土质→分层铺土、耙平→夯打密实→检验密实度→修整、找平验收。
> 土方回填土时应严格选用回填土料，控制含水率、夯实遍数。
> ①回填土应分层铺摊。每层铺土厚度应根据土质、密实度要求和机具性能确定。一般蛙式打夯机每层铺土厚度为200～250mm；人工打夯不大于200mm。每层铺摊后，随之耙平。
> ②回填土每层至少夯打三遍，检验压实系数达到设计要求。打夯应一夯压半夯，夯夯相接，行行相接，纵横交叉。
> ③回填土每层填土夯实后，应按规范规定进行环刀取样，测出干土的质量，并计算密度，达到要求后，再进行上一层的铺土。
> ④修整找平。填土全部完成后，应进行表面拉线找平，凡超过标准高程的地方，及时依线铲平；凡低于标准高程的地方，应补土夯实。
> 回填土应连续进行，尽快完成。施工时应有防雨措施，要防止地面水流入基坑内，以免边坡塌方或基土遭到破坏。

三、施工进度计划的编制

（一）划分施工过程

编制单位工程施工进度计划时，首先必须研究施工过程的划分，再进行有关内容的计算和设计。施工过程划分应考虑下述要求：

1．施工过程划分粗细程度的要求

对于控制性施工进度计划，其施工过程的划分可以粗一些，通常只列出分部工程名称。对于指导性施工进度计划，施工过程的划分要细一些，一般应进一步划分到分项工程。

2．对施工过程进行适当合并，达到简明清晰的要求

为使计划简明清晰、重点突出，一些次要的施工过程应合并到主要施工过程中去，如基础防潮层可合并到基础施工过程内。有些虽然重要但工程量不大的施工过程也可与相邻的施工过程合并，如挖土可与垫层施工合并为一项；同一时期由同一工种施工的施工项目也可合并在一起，如墙体砌筑，不分内墙、外墙、隔墙等，而合并为墙体砌筑。

3．施工过程划分的工艺性要求

1）现浇钢筋混凝土施工，一般可分为支模、绑扎钢筋、浇筑混凝土等施工过程，是合并还是分别列项，应视工程施工组织、工程量、结构性质等因素研究确定。一般现浇钢筋混凝土框架结构的施工应分别列项，甚至可分得更细一些。如：绑扎柱钢筋，安装柱模板，浇捣柱混凝土，安装梁、板模板，绑扎梁、板钢筋，浇捣梁、板混凝土，养护，拆模等施工过程。但在现浇钢筋混凝土工程量不大的工程对象上，一般不再细分，可合并为一项。如砌体结构工程中的现浇雨篷、圈梁、厕所及盥洗室的现浇楼板等，即可列为一项，由施工班组的各工种互相配合施工。

2）抹灰工程一般分内、外墙抹灰，外墙抹灰工程可能有若干种装饰抹灰的做法要求，一般情况下合并列为一项，也可分别列项。室内的各种抹灰应按楼地面抹灰、顶棚及墙面抹

灰、楼梯间及踏步抹灰等分别列项，以便组织施工和安排进度。

3）施工过程的划分，应考虑所选择的施工方案。如厂房基础采用敞开式施工方案时，柱基础和设备基础可合并为一个施工过程；而采用封闭式施工方案时，则必须列出柱基础、设备基础这两个施工过程。

4）住宅建筑的水、暖、煤、卫、电等房屋设备安装是建筑工程的重要组成部分，应单独列项；工业厂房的各种机电等设备安装也要单独列项，但不必细分，可由专业队或设备安装单位单独编制其施工进度计划。土建施工进度计划中列出设备安装的施工过程，表明其与土建施工的配合关系。

4．明确施工过程对施工进度的影响程度

根据施工过程对工程进度的影响程度可分为三类。

1）资源驱动的施工过程，这类施工过程直接在拟建工程进行作业，占用时间、资源，对工程的完成与否起着决定性的作用，它在条件允许的情况下，可以缩短或延长工期。

2）辅助性施工过程，一般不占用拟建工程的工作面，虽需要一定的时间和消耗一定的资源，但不占用工期，故可不列入施工计划以内。如交通运输、场外构件加工或预制等。

3）施工过程虽直接在拟建工程进行作业，但它的工期不以人的意志为转移，随着客观条件的变化而变化，它应根据具体情况列入施工计划，如混凝土的养护等。

（二）计算工程量

工程量应根据施工图纸、工程量计算规则及相应的施工方法进行计算。实际就是按工程的几何形状进行计算，计算时应注意以下几个方面。

1）各分部分项工程的工程量的计量单位应与采用的施工定额的计量单位相一致，以便在计算劳动量、材料消耗量及机械台班量时就可直接套用定额，不再进行换算。

2）工程量计算应结合选定的施工方法和安全技术要求进行，以使计算的工程量与施工的实情相符合。例如，挖土时是否放坡，是否加工作面，坡度大小与工作面尺寸是多少，是否使用支撑加固，开挖方式是单独开挖、条形开挖还是整片开挖，这些都直接影响到基础土方工程量的计算。

3）结合施工组织要求、分区、分段、分层计算工程量，以便组织流水作业。若每层、每段上的工程量相等或相差不大，可根据工程量总数分别除以层数、段数，可得每层、每段上的工程量。

4）如已编制出预算文件，则工程量可从预算文件中抄出并汇总。但是，施工进度计划中某些施工过程与预算文件的内容不同成有出入时（如计量单位，计算规则、采用的定额等），则应根据能工实际情况加以修改、调整，重新计算。

（三）套用施工定额

确定了施工过程及其工程量之后，即可套用施工定额（当地采用的劳动定额及机械台班定额）以确定劳动量和机械台班量。

在套用国家或当地颁布的定额时，必须注意结合本单位工人的技术等级、实际操作水平、施工机械情况和施工现场条件等因素，确定定额的实际水平，使计算出求来的劳动量、机械台班量符合实际需要。

有些采用新技术、新材料、新工艺或特殊工方法的施工过程，定额中尚未编入，这时可参考类似施过程的定额及经验资料，按实际况确定。

（四）计算劳动量及机械台班量

根据各分部分项工程的工程量、施工方法和现行的劳动定额，结合施工单位的实际情况，计算出各分部分项工程的劳动量。人工操作时，计算需要的工日数量；机械作业时，计算需要的台班数量。计算公式为

$$P_i = \frac{Q_i}{S_i} = Q_i H_i \tag{8-1}$$

式中　P_i——某分项工程劳动量或机械台班数量；
　　　Q_i——某分项工程的工程量；
　　　S_i——某分项工程计划产量定额；
　　　H_i——某分项工程计划时间定额。

在使用定额时，可能遇到定额中所列项目的工作内容与编制施工进度计划所确定的项目不一致，主要有以下几种情况：

1）计划中的一个项目包括了定额中的同一性质不同类型的几个分项工程。这种情况主要是施工进度计划中项目划分得比较粗造成的。此时，需要用其所包括的各分项工程的工程量与其产量定额（或时间定额）算出各自的劳动量，然后将各劳动量相加，即为计划中项目的劳动量，其计算公式为

$$P = \frac{Q_1}{S_1} + \frac{Q_2}{S_2} + \cdots + \frac{S_n}{S_n} = \sum_i^n \frac{Q_i}{S_i} \tag{8-2}$$

式中　P——计划中某一工程项目的劳动量；
　Q_1，Q_2，$\cdots$，Q_n——同一性质各个不同类型分项工程的工程量；
　S_1，S_2，$\cdots$，S_n——同一性质各个不同类型分项工程的产量定额；
　　　n——计划中的一个工程项目所包括的定额中同一性质不同类型分项工程的个数。

一般情况下，只计算劳动量，不需要计算平均产量定额。

2）施工计划中的新技术或特殊施工方法的工程项目尚未列入定额手册。在实际施工中会遇到采用新技术或特殊施工方法的分部、分项工程，由于缺少足够的经验和可靠资料等，暂时未列入定额手册。计算其劳动量时，可参考类似项目的定额或经过试验测算，确定临时定额。

3）施工计划中"其他工程"项目所需的劳动量计算。"其他工程"项目所需的劳动量，可根据其内容和工地具体情况，以总劳动量的一定百分比计算，一般取10%～20%

4）水暖电气卫、设备安装等工程项目不计算劳动量。水暖电气卫、设备安等装工程项目，由专业工程队组织施工，在编制一般土建单位工程施工进度计划时，不予考虑具体进度，仅表示出与一般土建工程进度相配合的关系。

（五）确定各分项工程持续时间

施工过程持续时间的确定方法有三种：定额计算法、经验估算法和倒排计划法。

1. 定额计算法

这种方法是根据施工过程需要的劳动量或机械台班量，以及配备的劳动人数或机械台数，确定施工过程持续时间。其计算公式为

$$t_i = \frac{P_i}{R_i \cdot N_i} \quad (8-3)$$

式中　t_i——某分项工程的持续时间；
　　　R_i——某分项工程工人数或机械台数；
　　　N_i——某分项工程工作班制。

要确定施工班组人数或施工机械台班数，除了考虑必须能获得或能配备的施工班组人数（特别是技术工人人数）或施工机械台数之外，在实际工作中，还必须结合施工现场的具体条件、最小工作面与最小劳动组合人数的要求以及机械施工的工作面大小、机械效率、机械必要的停歇维修与保养时间等因素考虑，才能计算确定出符合实际可能和要求的施工班组人数及机械台数。

每天工作班制确定：当工期允许、劳动力和施工机械周转使用不紧迫、施工工艺上无连续施工要求时，通常采用一班施工，在建筑业中往往采用1.25班制即10h。当工期较紧或为了提高施工机械的使用率及加快机械的周转使用，或工艺上要求连续施工时，某些施工过程可考虑二班甚至三班施工。但采用多班制施工，必然增加有关设施及费用，因此，须慎重研究确定。

2. 经验估算法

经验估算法也称三时估算法，即先估计出完成该施工过程的最长时间、最短时间和最可能时间三种施工时间，再根据公式计算出该施工过程的延续时间。这方法适用于新结构、新技术、新工艺、新材料等无定额可循的施工过程。

$$t_i = \frac{a + 4c + b}{6} \quad (8-4)$$

式中　t_i——某分项工程的持续时间；
　　　a——某分项工程最短的估算时间；
　　　b——某分项工程最长的估算时间；
　　　c——某分项工程最可能的估算时间。

3. 根据工期要求倒排进度

首先根据总工期和施工经验，确定各分部、分项工程的施工时间，然后再按劳动量和班次，确定每一分部、分项工程所需要的机械台数或工人数。

计算公式为

$$R_i = \frac{P_i}{t_i N_i} \quad (8-5)$$

式中符号意义同前。

计算时首先按一班制，若算得的机械台数或工人数超过施工单位能供应的数量或超过工作面所能容纳的数量，可增加工作班次或采取其他措施，使每班投入的机械台数或工人数减少到合理的范围。

（六）施工进度计划的初步方案编制方法

下面以横道图为例来说明。

上述各项计算内容确定之后，即可编制施工进度计划的初步方案，一般的编制方法如下：

1. 根据施工经验直接安排的方法

这种方法是根据经验资料及有关计算，直接在进度表上画出进度线。其一般步骤是：首先安排主导施工过程的施工进度，然后安排其余施工过程。它应尽可能配合主导施工过程并最大限度地搭接，形成施工进度计划的初步方案。总的原则是应使每个施工过程尽可能早地投入施工。

2. 按工艺组合组织流水的施工方法

这种方法就是先按各施工过程（即工艺组合流水）初排流水进度线，然后将各工艺组合最大限度地搭接起来。

无论采用上述哪一种方法编排进度，都应注意以下问题：

1）每个施工过程的施工进度线都应用横道粗实线段表示（初排时可用铅笔细线表示，待检查调整无误后再加粗）。

2）每个施工过程的进度线所表示的时间（天）应与计算确定的持续时间一致。

3）每个施工过程的施工起止时间应根据施工工艺顺序及组织顺序确定。

（七）施工进度计划的检查与调整

1. 施工进度计划的检查

编制施工进度时需考虑的因素很多，初步编制时往往会顾此失彼，难以统筹全局。因此，初步进度仅起框架作用，编制后还应进行检查、平衡和调整。

一般应检查以下几项：

1）各分部分项工程的施工时间和施工顺序的安排是否合理。

2）安排的工期是否满足规定要求。

3）所安排的劳动力、施工机械和各种材料供应是否能满足，资源使用是否均衡，主要施工机械是否充分发挥作用及利用的合理性等。

经过检查，对不符合要求的部分，可采用增加或缩短某些分项工程的施工时间；在施工顺序允许的情况下，将某些分项工程的施工时间向前或向后移动；必要时，改变施工方法或施工组织等方法进行调整。调整某一分项工程时要注意它对其他分项工程的影响。进而作资源和工期优化，使进度计划更加合理，形成最终进度计划表。

2. 施工进度计划的调整

通过调整可使劳动力、材料的需要量更为均衡，主要施工机械的利用更为合理，这样可避免或减少短期内资源的过分集中。无论是整个单位工程还是各个分部工程，其资源消耗都应力求均衡。

调整的方法一般有：增加或缩短某些分项工程的施工时间；在施工顺序允许的条件下将某些分项工程的施工时间向前或向后移动；必要时可以改变施工方法或施工组织。总之，通过调整，在工期能满足要求的条件下，使劳动力、材料、设备需要趋于均衡，主要施工机械利用率比较合理。

【案例 8-3】施工进度计划的编制（部分内容）

1. 划分施工项目，确定劳动工日数

劳动工日数的确定，见表 8-1。

表 8-1 劳动量一览表

序号	分项工程名称	劳动量/工日（或台班）	序号	分项工程名称	劳动量/工日（或台班）
	基础工程		14	梁、板混凝土（含楼梯）	756
1	人工挖孔桩	455	15	拆模	396
2	开挖基础土方、截桩头	232	16	砌空心砖墙（含门窗框）	1101
3	混凝土垫层			屋面工程	
4	承台混凝土、基础梁模板	137	17	保温隔热层（含找坡）	118
5	承台混凝土、基础梁钢筋（含构造柱筋）	86	18	找平层	89
6	承台混凝土、基础梁混凝土	39	19	防水层	124
7	砖基础	79		装饰工程	
8	回填土	258	20	顶棚墙面中级抹灰	1645
	主体工程		21	外墙面砖	521
9	脚手架	237	22	楼地面及楼梯地砖	846
10	柱筋	345	23	门窗扇安装	365
11	柱、梁、板模板（含楼梯）	3468	24	油漆、涂料	798
12	柱混凝土	298	25	室外散水台阶等	62
13	梁、板筋（含楼梯）	1080	26	水、电	

2. 编制施工进度计划表

本教学楼工程合同工期为 220 天（日历天数），考虑施工准备工作为 15 天，水、电安装及工程收尾 15 天，因此，安排进度计划时以 190 天作为工期要求。

为便于计划安排和按期完成施工任务，以基础、主体、装修三大分部工程的施工进度来控制单位工程的工期。基础工程工期一般占总工期的 18%～25%（含桩基础），本工程取 20%，则其控制工期为：190 天×20%=38 天；主体工程工期一般占总工期的 40%～45%，本工程取 42%，则其控制工期为：190 天×42%≈80 天；装修工程的控制工期为：190 天×（1-20%-42%）≈72 天。

基础工程 根据施工方案，基础工程划分两段组织流水施工的特点，由于桩基础不分段，故纳入流水施工的项目有四个，即挖土及垫层、承台及基础梁、砖基础和回填土。

桩基础劳动量为 455 工日，安排 30 人，持续时间为（455÷30）天=15 天。

土方开挖班组人数为 30 人，持续时间为（232÷30）天≈8 天，流水节拍为 4 天。

承台及基础梁支模板劳动量为 137 工日，施工班组人数为 35 人，流水节拍为 2 天。

承台及基础梁扎钢筋劳动量为 86 工日，施工班组人数为 25 人，流水节拍为 2 天。

承台及基础梁浇混凝土劳动量为 39 工日，施工班组人数为 20 人，流水节拍为 1 天。

砖基础及回填土的流水节拍各为 2 天，其施工班组人数分别为 20 人和 30 人。

四、施工平面图的布置

单位工程施工平面图的绘制步骤、要求和方法基本同施工总平面图，在此仅作补充说明。绘制单位工程施工平面图，应把拟建单位工程放在图的中心位置。图幅一般采用 2～3 号图纸，比例为 1:200～1:500，常用的是 1:200。

需要强调的是，建筑施工是一个复杂多变的生产过程，各种施工机械、材料、构件等是随着工程的进展而逐渐进场的，而且又随着工程的进展而逐渐变动、消耗。因此，在整个施工过程中，它们在工地上的实际布置情况随时在改变。

对于大型建筑工程、施工期限较长或施工场地较为狭小的工程，就需要按不同施工阶段分别设计几张施工平面图，以便能把不同施工阶段工地上的合理布置生动具体地反映出来。在布置各阶段的施工平面图时，对整个施工时期使用的主要道路、水电管线和临时房屋等，不要轻易变动，以节省费用。

对较小的建筑物，一般按主要施工阶段的要求来布置施工平面图，同时考虑其他施工阶段如何周转使用施工场地。

布置重型工业厂房的施工平面图，还应该考虑一般土建工程同其他专业工程的配合问题，以一般土建施工单位为主会同各专业施工单位，通过协商编制综合施工平面图。在综合施工平面图中，根据各专业工程在各施工阶段中的要求将现场平面合理划分，使专业工程各得其所，都具备良好的施工条件，以便各单位根据综合施工平面图布置现场。

【案例 8-4】施工平面图

本工程采用商品混凝土，主体施工阶段现场不需要设混凝土搅拌机及砂石堆场。

1．起重运输机械位置的确定

基础回填土进行完毕，即可在建筑物的北面安装一台 QTZ-40 型固定式塔式起重机，如图 8-6 所示。

2．各种作业棚、工具棚的布置

（1）钢筋棚及堆场 每个钢筋工需作业棚 3m²，堆场面积为其的 2 倍，因此，按高峰时钢筋工人数 25 人计算，需钢筋棚（3×25）m²=75m²，堆场（75×2）m²=150m²。

（2）木工棚及堆场 每个木工需作业棚 2m²，堆场面积为其的 3 倍，按高峰时木工 10 人计算，另加一台圆锯所需面积 40m²，则木工棚为（2×10+40）m²=60m²，堆场为（2×10×3）m²=60m²。

3．临时设施

1）办公室：按 10 名管理人员考虑，每人 3m²，则办公室面积为（3×10）m²=30m²。

2）工人宿舍：主体施工阶段最高峰人数为 105 名，由于建设单位已提供了 50 个床位的工人宿舍，因此现场还需搭设 55 名工人的宿舍，每人 3m²，则工人宿舍面积为（3×55）m²=165m²。

3）食堂及茶炉房总面积 30m²。

4）厕所面积 10m²。

4. 临时道路

利用原有道路及将来建成后的永久性道路位置作为临时道路，工程结束后再修筑。

5. 临时供水、供电

1）供水：供水线路按枝状布置，根据现场总用水量要求，总管直径为 100mm，支管直径为 40mm。

2）供电：直接利用建筑物附近建设单位的变压器。现场设一配电箱，通向塔式起重机的电缆线埋地设置。

以上内容如图 8-6 所示。

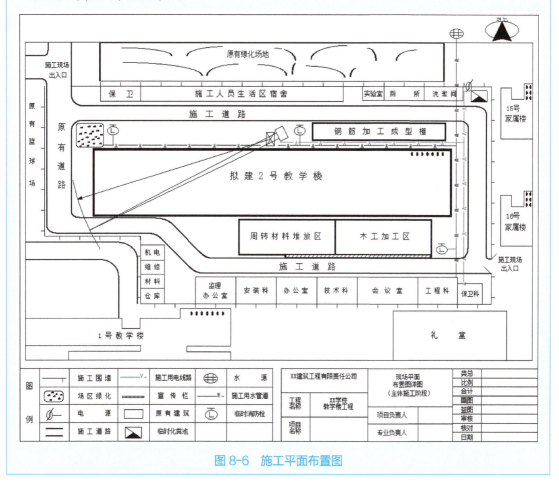

图 8-6 施工平面布置图

五、技术组织措施的编制

1. 质量保证技术组织措施

保证工程质量的关键是明确质量目标，建立质量保证体系，对工程对象经常发生的质量通病制定防治措施。

（1）组织措施

1）建立各级技术责任制、完善内部质保体系，明确质量目标及各级技术人员的职责范围，做到职责明确、各负其责。

2）推行全面质量管理活动，开展质量红旗竞赛，制定奖优罚劣措施。

3）定期进行质量检查活动，召开质量分析会议。

4）加强人员培训工作，贯彻现行国家标准《建筑工程施工质量验收统一标准》及相关专业工程施工质量验收系列规范。对使用"四新"或是质量通病，应进行分析讲解，以提高施工操作人员的质量意识和工作质量，从而确保工程质量。

5）对影响质量的风险因素（如工程质量不合格导致的损失，包括质量事故引起的直接经济损失，以及修复和补救等措施发生的费用，以及第三者责任损失等）有识别管理办法和防范对策。

（2）技术措施

1）确保工程定位放线、标高测量等准确无误的措施。

2）确保地基承载力及各种基础、地下结构、地下防水、土方回填施工质量的措施。

3）确保主体承重结构各主要施工过程质量的措施。

4）确保屋面、装修工程施工质量的措施。

5）结合规范，合理制定季节性施工的质量保证措施。

6）解决质量通病的措施。

2. 安全保证技术组织措施

（1）组织措施

1）明确安全目标，建立安全保证体系。

2）执行国家、行业、地区安全法规、标准、规范，并以此制定本工程安全管理制度，各专业工作安全技术操作规程。

3）建立各级安全生产责任制，明确各级施工人员的安全职责。

4）提出安全施工宣传、教育的具体措施，进行安全思想，纪律、知识、技能、法制的教育，加强安全交底工作；施工班组要坚持每天开好班前会，针对施工中安全问题及时提示；在工人进场上岗前，必须进行安全教育和安全操作培训。

5）定期进行安全检查活动和召开安全生产分析会议，对不安全因素及时进行整改。

6）需要持证上岗的工种必须持证上岗。

7）对影响安全的风险因素（如在施工活动中，由于操作者失误、操作对象的缺陷以及环境因素等导致的人身伤亡、财产损失和第三者责任等损失）有识别管理办法和防范对策。

（2）技术措施

1）技术准备中要了解工程设计对安全施工的要求，调查工程的自然环境对施工安全及施工对周围环境安全的影响等。

2）物资准备时要及时供应质量合格的安全防护用品，以满足施工需要等。

3）施工现场准备中，各种临时设施、库房、易燃易爆品存放都必须符合安全规定。

4）提出易燃、易爆品等严格管理、安全使用的措施。

5）防火、消防措施，有毒、有尘、有害气体环境下的安全措施。

6）土方、深基施工、高空作业、结构吊装、上下垂直平行施工时的安全措施。

7）各种机械机具安全操作要求，外用电梯、井架及塔式起重机等垂直运输机具安拆要求、安全装置和防倒塌措施，交通车辆的安全管理。

8）各种电气设备防短路、防触电的安全措施。

9）狂风、暴雨、雷电等各种特殊天气发生前后的安全检查措施及安全维护制度。

10）季节性施工的安全措施。夏季作业有防暑降温措施，雨季作业有防雷电、防触电、防沉陷坍塌、防台风、防洪排水措施；冬季作业有防风、防火、防冻、防滑、防煤气中毒措施。

11）脚手架、吊篮、安全网的设置，各类洞口、临边防止作业人员坠落的措施。现场周围通行道路及居民保护隔离措施。

12）各施工部位要有明显的安全警示牌。

13）基坑支护、临时用电、模板搭拆、脚手架搭拆要编写专项施工方案。

14）针对新工艺、新技术、新材料、新结构，制定专门的施工安全技术措施。

3．进度保证技术组织措施

（1）组织措施

1）建立进度控制目标体系和进度控制组织系统，落实各层次进度控制人员和工作责任。

2）建立进度控制工作制度，如检查时间、方法、协调会议时间、参加人员等。定期召开工程例会，分析研究解决各种问题。

3）建立图纸审查、工程变更与设计变更管理制度。

4）建立对影响进度的因素分析和预测的管理制度，对影响工期的风险因素有识别管理手法和防范对策。

5）组织流水作业。

6）季节性施工项目的合理排序。

（2）技术措施

1）采取加快施工进度的施工技术方法。

2）规范操作程序，使施工操作能紧张而有序地进行，避免返工和浪费，以加快施工进度。

3）采取网络计划技术及其他科学适用的计划方法，并结合电子计算机的应用，对进度实施动态控制。在发生进度延误问题时，能适时调整工作间的逻辑关系，保证进度目标实现。

4．确保文明施工的技术组织措施

1）建立现场文明施工责任制等管理制度，做到随做随清、谁做谁清。

2）定期进行检查活动，针对薄弱环节，不断总结提高。

3）施工现场围栏与标牌设置规范，出入口交通安全，道路畅通，场地平整，安全与消防设施齐全。

4）临时设施规划整洁，办公室、宿舍、更衣室、食堂、厕所清洁卫生。

5）各种材料、半成品、构件进场有序，避免盲目进场或后用先进等情况，现场材料应堆放整齐，分类管理。

6）做好成品保护及施工机械修养工作。

5. 环境保护措施

1）施工现场泥浆和污水未经处理不得直接排入城市排水设施和河流、湖泊、池塘。

2）除有符合规定的装置外，不得在施工现场熔化沥青和焚烧油毡、油漆，也不得焚烧其他可产生有毒有害烟尘和恶臭气味的废弃物，禁止将有毒有害废弃物作土方回填。

3）建筑垃圾、渣土应在指定地点堆放，每日进行清理。高空施工的垃圾及废弃物应采用密闭式串筒或其他措施清理搬运。装载建筑材料、垃圾或渣土的车辆，应采取防止尘土飞扬、洒落或流溢的有效措施。施工现场应根据需要设置机动车辆冲洗设施。

4）在居民和单位密集区域进行爆破、打桩等施工作业前，项目经理部应按规定申请批准，还应将作业计划、影响范围、程度及有关措施等情况，向受影响范围的居民和单位通报说明，取得协作和配合；对施工机械的噪声与振动扰民，应采取相应措施予以控制。

5）施工时发现文物、古迹、爆炸物、电缆等，应当停止施工保护好现场，及时向有关部门报告，按照有关规定处理后方可继续施工。

【案例 8-5】主要技术组织措施（部分）

1. 保证工程质量的组织措施

1）加强技术管理，认真贯彻各项技术管理制度；落实好各级人员岗位责任制，做好技术交底，认真检查执行情况；积极开展全面质量管理活动，认真进行工程质量检验和评定，做好技术档案管理工作。

2）认真进行原材料检验。进场钢材、水泥、砌块、混凝土、焊条等建筑材料必须提供质量保证书或出厂合格证，并按规定做好抽样检验；各种强度等级的混凝土，要认真做好配合比试验；施工中按规定制作混凝土试块。

3）加强材料管理。建立工、料的消耗台账，实行"当日领料、当日记载、月底结账"制度，对高级装饰材料，实行"专人检验、专人保管、限额领料、按时结算"制度；未经检验，不得用于工程。

4）认真贯彻质量检验制度，进行质量监督，发现问题及时整改，实行质量奖罚措施。

5）严格控制主楼的标高和垂直度，控制各分部分项工程的操作工艺，完工后必须经班组长和质量检验人员验收，达到预定质量目标签字后，方可进行下道工序施工，并计算工作量，实行分部分项工程质量等级与经济分配挂钩制度。

6）加强工种间的配合与衔接，在土建工程施工时，水、卫、电、暖等工程应与其密切配合，设专人检查预留孔、预埋件等的位置和尺寸，逐层检验，不得遗漏。

2. 保证工程质量的技术措施

（1）桩基础施工

1）在挖孔桩施工前，必须认真进行挖孔桩的定位放线工作，用直角坐标法定出每根桩的中心点，然后根据中心点弹出其开挖圆周线。

2）桩孔中心点的控制。为防止杂物在开挖时落入孔中，便于第一节混凝土护壁施工，防止地表水渗入孔内，开挖前应以桩中心点为中心，按相应的桩径加大 40cm 用砖砌一圈，宽度为 120mm，高出井周围地面 150～200mm，同时通过桩中心引两条垂直直径线与井圈相交得四点，在这四点处设置四个钢钉，或用油漆在这四点作标记，作为控制中心点及施工中控制垂直度的依据。要求第一节都设横杆吊大线坠作中心线，拆模后进行复检，及时修正，做到中心偏差小于20mm。

3）挖孔桩按节挖孔，每一节挖深一般为1m，每掘进1m必须当天修筑护壁，根据桩孔中心点校正模板，保证护壁厚度、桩孔尺寸和垂直度，按设计配护壁钢筋，然后浇注护壁混凝土，上、下护壁间应搭接50mm，且用钢筋插实以保证护壁混凝土的密实度，四周应均匀浇注，以保证中心点位置的正确。

4）当桩孔挖至设计标高时，应及时通知建设单位（或监理单位）会同设计、勘察、质监等单位共同鉴定，满足要求后迅速扩大桩头，清理孔底及时验收。验收后用稍高于设计强度等级的混凝土封底100mm，防止岩石风化。

5）吊放钢筋笼时注意不碰撞孔壁。安装时应慢吊慢放，垂直下放到位后，检查钢筋笼中心与桩孔中心是否重合，检查钢筋笼与井壁间垫混凝土垫块以确保保护层的厚度均等。

6）在浇注挖孔桩桩身混凝土过程中，注意防止地下水进入，不能有超过50mm厚的积水层，否则，应设法把混凝土表面积水层用导管吸干后，才能浇注混凝土。

（2）模板工程（略）

（3）钢筋工程（略）

（4）混凝土工程（略）

（5）砌体工程（略）

（6）装饰工程（略）

3．安全防火措施

应严格执行各项安全管理制度和安全操作规程，并采取以下措施。

1）进场人员必须进行安全防火教育，提高职工对安全工作的认识，充分发挥"三保"的作用，使职工熟知本工种的安全操作规程。

2）进场人员一律须戴好安全帽，高空作业须系好安全带，并沿建筑物周围随楼层设安全网一道。

3）禁止双层作业，施工人员一律到指定的出入口通行，并在通行口处搭好安全防护棚。

4）所使用的各种机械、工具要定期进行检查，不得带电作业。所有电气设备一律做接零保护，非机械操作人员禁止操作各种机械。

5）在各层预留洞口、通道口及楼梯两侧加以封闭或加防护栏。

6）暂设线路设专人管理，非电工和无操作证的电工一律禁止动用电气设施，电工用电要安装好触电保护器材。

7）固定的塔式起重机、物料提升机等应设避雷装置，其接地电阻不大于4Ω。所有机电设备均应实行专人负责。

8）塔式起重机基座、升降机基础、龙门架地基必须坚实，雨期要做好排水导流工作，防止塔、架倾斜事故发生，作业前必须仔细检查悬挑脚手架的牢固程度。

9）任何人不得从楼上往下扔任何物体。各层电梯口、楼梯口、须留洞口设置安全护栏。

10）加强防火、防盗工作，指定专人巡检。每层要设防火装置，第三层、第六层设临时消防栓。在施工期间严禁非施工人员进入工地。

11）未列之项严格按安全操作规程及有关文件认真执行。

4. 确保施工工期的保证措施

根据甲方要求，为确保按期竣工，特采取以下措施：

1）由建设单位、施工单位双方组成现场领导小组，密切协作配合，及时解决施工准备和施工过程中的各种问题，确保工程顺利进行。

2）加强施工现场的组织领导，成立施工现场项目经理部，统一指挥，协调项目经理部内各部门之间的协作配合及工序搭接；按照拟订的施工组织设计的进度计划，精心组织施工；根据施工段和施工层的划分，集中人力、物力组织钢筋绑扎、模板安装、混凝土浇灌和粉刷各阶段等工序进行流水作业，同时上、下主体装饰交叉组成多层次、多部位施工的综合性施工程序，保证施工连续、均匀、有节奏地开展。

3）在施工过程中，加强技术、材料、质量、安全、进度及施工现场等各方面的管理工作。落实项目经理部内各项岗位责任制，严格实行奖罚制度，保证工程按期竣工。

4）采取切实可行的雨期施工措施，尽量减少停工，确保施工进度和质量。

5）为了确保施工进度计划，尽可能提前完成主体工程，使粉刷工程有更多的时间，施工高峰期可适当组织两班作业，在农忙期间采取有效措施尽量少减员，使工程进度不受较大的影响。

6）在混凝土中掺加早强剂，加速混凝土的硬化，减少技术间歇时间，加快施工进度。

5. 确保文明施工的技术组织措施

1）建立现场文明施工制度。文明施工要落实到人，按照公司现场文明施工检查评分办法进行打分，每月进行一次。

2）施工现场按照文明施工的有关规定，在明显位置设立施工标牌、主要管理人员名单、总平面图等。

3）实行分项包干制度，生活区域及施工现场划分出清洁责任区，现场保持整洁、平整、道路畅通、不积水。

4）现场材料堆放必须做到散材成方、型材成垛，并标明标识。

5）现场管理人员及操作人员必须佩戴胸卡。

6）严格遵守地方政府和有关部门对施工噪声等的管理规定。

7）对各工种操作人员进行教育，在施工中指运输、架设钢管和钢模板要轻拿轻放，不得乱扔，减少噪声。

8）木工电锯不得在深夜使用，因夜深人静时噪声传声很远，在夜晚十点到次日凌晨，主要进行无噪声施工操作。

小　结

本模块介绍了单位工程施工组织设计的基本概念及内容，并以框架结构单位工程为设计任务，逐步讲解编制步骤及编制内容，附以实例详解，详细说明了单位工程施工组织设计在实际工程项目中的编制过程。

通过本模块的学习，学生应能掌握单位工程施工组织设计的步骤和内容，工程概况的内容，施工方案、施工进度计划的编制，能够绘制施工平面布置图，制定技术组织措施。

能力训练

简答题

1. 什么是单位工程施工组织设计？
2. 单位工程施工组织设计包括哪些内容？
3. 施工组织设计编制的基本原则是什么？
4. 试述单位工程施工组织设计的编制依据和程序。

模块九 施工组织总设计

学习目标

- ➢ 了解施工组织总设计的基本概念、内容及编制依据。
- ➢ 熟悉建设项目施工方案的选择方法。
- ➢ 熟悉施工总进度计划及主要资源配置计划的编制方法。
- ➢ 了解施工总平面图设计方法。

建议学时

- ➢ 2学时

知识链接

施工组织总设计是以整个建设项目或建筑群为编制对象，根据初步设计和扩大初步设计图纸及其他有关资料，结合现场施工条件，由拟建工程项目总承包单位负责，会同建设、设计、监理和有关分包单位共同编制完成。

同学们，我们已经知道根据不同的编制对象，施工组织设计编制的内容也不尽相同，那么你知道，不同的施工组织设计报上去都是由谁来审批的吗？

按相关要求，施工组织总设计是由总承包单位技术负责人审批；单位工程施工组织设计应由施工单位技术负责人或技术负责人授权的技术人员审批，施工方案应由项目技术负责人审批；重点、难点分部（分项）工程和专项工程施工方案应由施工单位技术部门组织相关专家评审，施工单位技术负责人批准。

【引入问题】

1. 请到图书馆查找施工组织总设计的案例，总结施工组织总设计中大致包含哪些内容？

2. 请查阅《建筑施工组织设计规范》（GB/T 50502—2009），回答：规模较大的分部（分项）工程和专项工程的施工方案编制和审批的依据是什么？

单元一 概 述

一、施工组织总设计的概念及内容

建设项目施工组织总设计是以一个建设项目、住宅小区或是一个独立交工系统为对象进行编制，根据初步设计图纸和有关资料及现场施工条件编制，用以指导施工全过程各项全局性施工活动的技术、经济、组织、协调和控制的综合性文件。施工组织总设计在项目初步设计或扩大初步设计批准、明确承包范围后，在施工项目总包单位或大型工程项目经理部的总工程师主持下，会同建设单位、设计单位和分包单位的负责工程师共同编制。

根据工程性质、规模、建筑结构特征和施工情况等不同，建设项目施工组织总设计的内容和深度也会有所不同，但一般应包括下列内容：

1）工程概况。
2）施工部署与施工方案。
3）施工总进度计划。
4）全场施工准备工作计划。
5）各项资源需要量计划。
6）施工总平面图。
7）主要技术组织措施。
8）主要技术经济指标等。

最后，施工组织总设计还应概括地说明技术上的先进性、组织上的可能性和经济上的合理性，并指出施工准备中的主要问题、重大措施和建议。

二、施工组织总设计的编制依据

1. 建设计划及招标文件

包括国家批准的基本建设计划及招标文件的要求和所提供的工程背景资料等。如建设项目的可行性研究报告、设计任务书、工程项目一览表和投资进度安排等；概算指标；大型设备采购、交货进度；施工招标文件和工程承包合同文件，引进材料和设备的供合同等。

2. 设计文件

包括已批准的初步设计或扩大初步设计文件。如设计说明书、建筑总平面图、建筑区域平面图、建筑物竖向设计及总概算或修正总概算等。

3. 工程勘察资料及技术经济资料

包括场地勘察资料，如地形、地貌、工程地质及水文地质、气象等自然条件；建筑地区的技术经济调查资料，如能源、交通、材料、半成品、成品货源及价格等；社会调查资料，如政治、经济、文化、宗教、科技资料等。

4. 技术标准、规范及类似工程的参考资料

包括现行的施工及质量验收规范、工艺操作规程、定额、技术规定和其他技术标准以及类似工程的施工组织总设计或参考资料，如施工经验的总结资料等有关的参考资料。另外还包括企业的技术力量、施工能力、施工经验、设备状况及自有的技术资料等。

三、建设项目概况及特点分析

建设项目概况主要介绍拟建工程的建设单位、工程名称、工程性质、建设目的，资金来源及工程造价，设计单位、施工单位、监理单位，施工图的情况，施工合同的签订，上级有关文件或要求等内容。

工程特点分析主要介绍建筑工程施工中关键问题、难点所在，以便突出重点、抓住关键，顺利施工。

单元二　工程概况和施工特点分析

工程概况及特点分析是对整个建设项目的总说明和总分析，是对整个建设项目或建筑群所做的一个简明扼要、重点突出的文字介绍。有时，为了补充文字介绍的不足，还可以附有建设项目总平面图，主要建筑的平面、立面、剖面示意图及辅助表格。

一、建设项目特点

建设项目的特点主要说明工程性质、建设地点、建设总规模、总工期、总占地面积、总建筑面积、分期分批投入使用的项目和工期、总投资、主要工种工程量、设备安装及其吨数、建筑安装工程量、生产流程和工艺特点、建筑结构类型，以及新技术、新材料、新工艺的复杂程度和应用情况等内容。

二、建设地区条件

包括地形、地貌、水文、地质、气象等情况；建设地区资源、交通、运输、人力资源、水电供应、生活设施等情况。

三、工程特点及施工条件

主要介绍施工企业的生产能力、技术装备、管理水平、主要设备、材料和特殊物资供应情况；有关建设项目的决议、合同、协议、土地征用范围、数量和居民搬迁时间等情况。

单元三　施工部署及主要项目的施工方案

施工部署是在充分了解工程情况、施工条件和建设要求的基础上，对整个建设工程进行统筹规划和全面安排，是编制施工总进度计划的前提。

根据建设项目的性质、规模和客观条件的不同，施工部署的内容和侧重点也有所不同。其内容主要包括：确定工程的开展程序、明确施工任务的划分与组织安排、拟定主要项目的施工方案、规划全场施工准备工作等。

一、工程开展程序

确定建设项目中各项工程合理的开展程序是关系到整个建设项目能否迅速投产或使用的关键。对于大中型工程项目，一般均需根据建设项目总目标的要求，分期分批建设。至于分几期施工，每期工程包含哪些项目，则要根据生产工艺要求、建设单位或业主要求、工程规模大小和施工难易程度、资金、技术资源等情况，由建设单位和施工单位共同研究确定。

在施工程序的安排时，应注意以下几点：

1）一般工程开展程序应先场外设施后场内设施、先地下工程后地上工程、先主体项目后附属项目、先土建施工后设备安装。

2）要考虑季节对施工的影响。如大规模土方开挖和深基础施工应避开雨期；冬期施工应安排室内作业和设备安装为宜，寒冷地区入冬前应做好围护结构。

3）对于工程规模较大、施工难度较大、施工工期较长的单位工程，以及需要先配套使用或可供施工期间使用的项目，应尽量先安排施工，如厂内外道路、铁路和变电站等。

4）对于大中型民用建设项目，一般也应分期分批建设。如某居民住宅小区工程，安排施工程序时，除考虑住宅外，还应考虑幼儿园、学校、商店及其他生活和公共设施的建设，以便交付使用后能及早发挥经济效益、社会效益和环境保护效益。

5）对于工业建设项目，应考虑各生产系统分期投产的要求。在安排一个生产系统主要工程项目时，同时应安排其配套项目的施工。例如，某大型发电厂工程，由于资金、技术、原料供应等原因，工程分两期建设。一期工程安装两台30万kW汽轮机组和各种与之相适应的辅助生产、交通、生活福利设施。建成后投入使用，两年之后再进行第二期工程建设，安装一台60万kW汽轮机组，最终形成120万kW的发电能力。

在统筹安排各类项目的施工时，要保证重点、兼顾其他，优先安排工程量大、施工难度大、建设工期长的项目，供施工、生活使用的项目及临时设施，按生产工艺要求先期投入生产或其主导作用的工程项目等。

二、施工任务的划分与组织安排

施工部署应首先明确施工项目的管理机构、体制，划分各参与施工单位的任务，明确各承包单位之间的关系，建立施工现场统一的组织领导机构及职能部门，确定综合的和专业的施工队伍，划分施工段，确定各单位分期分批的主攻项目和穿插项目，对施工任务做出程序安排。

三、主要施工项目的施工方案

在施工组织总设计中，对主要项目施工方案的考虑，只是提出原则性的意见。这些项目通常是建设项目中工程量大、施工难度大、工期长、在整个建设项目中起关键作用的单位工程项目以及影响全局的特殊分项工程。拟定主要工程项目施工方案的目的是为了进行技术和资源的准备工作，同时，也为了施工顺利进行的合理布局。内容包括施工方法、施工工艺及施工机械设备等。

对施工方法的确定要兼顾工艺技术的先进性和经济上的合理性；对施工机械的选择，应使主导机械的性能既能满足工程的需要，又能发挥其效能，在各个工程上能够实现综合流水作业，减少其拆、装、运的次数；对于辅助配套机械，其性能应与主导施工机械相适应，以便充分发挥主导施工机械的工作效率。

四、规划全场临时设施

根据工程开展的程序和施工项目施工方案的要求，对施工现场临时设施进行规划，主要内容包括：安排好场内外运输、施工道路、水电来源及其引入方案；安排好场地的平整方案和全场性的排水、防洪设施，安排好生产、生活基地；安排原材料、成品、半成品、构件的运输和储存方式；做好现场测量控制网。

单元四　施工总进度计划

施工总进度计划是以拟建项目为对象，规定的工期为目标而确定的控制性施工进度计划，它是根据建设项目施工部署和施工方案，对施工现场各项施工活动做出时间上的安排，确定各单位工程施工工期及它们之间的施工顺序和相互搭接关系的计划。正确地编制施工总进度计划，是保证各个系统以及整个建设项目如期交付使用、充分发挥投资效果、降低建筑成本的重要条件。施工总进度计划的编制要求是：保证拟建项目在规定期限内完成的目的；保证施工的连续性和均衡性；结合实际，节约施工费用。

施工总进度计划的编制步骤见下述内容。

一、划分工程项目并计算工程量

（一）划分工程项目

施工总进度计划主要起控制总工期的作用，因此在划分项目时不宜过细。通常按分期分批投产顺序和工程开展顺序列出工程项目，并突出每个交工系统中的主要工程项目。一些附属项目及一些临时设施可以合并列出。

（二）计算主要工程项目的工程量

根据总承建工程项目一览表，按工程开展程序和单位工程计算主要项目实物工程量。此时，计算工程量的目的是为了选择施工方案和主要的施工、运输机械；初步规划主要施工过程和流水施工；估算各项目的完成时间；计算劳动力及技术物资的需要量。因此，工程量只需粗略地计算即可。

计算工程量可按照初步（或扩大初步）设计图纸并根据各种定额手册进行计算。常用的定额、资料有以下几种：

1. 万元、十万元投资工程量的劳动力及材料消耗扩大指标

这种定额规定了某一种结构类型建筑，每万元或十万元投资中，劳动力、主要材料消耗量。根据图纸中的结构类型，即可估算出拟建工程各分项工程所需劳动力和主要材料消耗量。

2. 概算指标或扩大结构定额

这两种定额都是在预算定额基础上的进一步扩大，概算指标是以建筑物的每 $100m^3$ 体积为单位；扩大结构定额是以每 $100m^2$ 建筑面积为单位。

查定额时，分别按建筑物的结构类型、跨度、高度分类，查出这种建筑物按拟定单位所需的劳动力和各项主要材料消耗量，从而推出拟计算项目所需要的劳动力和材料的消耗量。

3. 已建房屋、构筑物的资料

在缺少定额手册的情况下，可采用已建类似工程实际材料、劳动力消耗量，按比例估算。这种消耗指标都是各单位多年积累的经验数字。但是，由于和拟建工程完全相同的已建工程是比较少见的，因此在利用已建工程的资料时，一般都应进行必要的调整。

除建设项目本身外，还必须计算主要的、全工地性工程的工程量，例如铁路及道路长度、地下管线长度、场地平整面积等，这些数据可以从建筑总平面图上计算得出。

按照上述方法计算出的工程量填入统一的工程量汇总表中，见表 9-1。

表 9-1 工程项目工程量汇总表

工程项目分类	工程项目名称	结构类型	建筑面积	幢（跨）数	概算投资	主要实物工程量							
						场地平整	土方工程	桩基工程	…	砖石工程	钢筋混凝土工程	…	装饰工程	…
			$1000m^2$	个	万元	$1000m^2$	$1000m^3$	$1000m^3$		$1000m^3$	$1000m^3$		$1000m^3$	
全工地性工程														
主体项目														
辅助项目														
永久住宅														
临时建筑														
	合计													

二、确定各单位工程的施工期限

由于各施工单位的施工技术、管理水平、机械化程度、劳动力和材料供应情况等不同，建筑物或构筑物的施工期限有较大差别。因此，应根据施工单位的具体条件，并结合建筑物的建筑结构类型、规模和现场地质条件、施工环境等综合因素加以确定。此外，也可参考有关的工期定额来确定各单位工程的施工期限。

三、确定各单位工程的开竣工时间和相互搭接关系

根据施工部署及单位工程施工的期限，可以安排各单位工程的开工、竣工时间和相互搭接的关系。在具体安排时应着重考虑以下几点：

1）保证重点，兼顾一般。根据使用要求和施工可能，结合物资供应情况及施工难易条件，分期分批地安排施工，分清主次，抓住重点。同一时期的开工项目不应过多，以免人力、物力分散。

2）满足连续、均衡的施工要求。尽量使劳动力、物资的消耗均衡，减少高峰和低谷的出现，以利于劳动力及施工机械的调度和材料的供应。

3）满足生产工艺要求。合理安排各建筑物的施工顺序，以缩短建设周期，尽快发挥投资效益。

4）认真考虑施工总平面图的空间关系。应在满足有关规范要求的前提下，使各拟建临时设施布置尽量紧凑，节省占地面积。

5）全面考虑各种条件限制。在确定各建筑物施工顺序时，应考虑各种客观条件限制，如施工企业的施工力量，各种原材料、机械设备的供应情况，设计单位提供图纸时间，各年度建设投资数量等，对各项建筑物的开工时间和先后顺序予以调整。此外，还应考虑季节、环境等因素对施工的时间和顺序安排产生的影响。

四、安排施工进度计划

根据前面确定的施工项目内容、期限、开工竣工时间及搭接关系，可采用横道图或网络图的形式来编制施工总进度计划。由于施工总进度计划只是起控制性作用，且施工条件复

杂，因此项目划分不必过细，以单位工程或分部工程作为施工项目名称即可，否则会给计划的编制和调整带来不便。

当采取横道图表达施工总进度计划时，横道图上应表达出个施工项目的开工、竣工时间及其施工持续时间。表 9-2 所示为施工总进度计划的横道图形式，表中栏目可根据项目规模和要求做适当调整。

表 9-2 施工总进度计划

序号	工程项目名称	结构类型	工程量	建筑面积	总工日	施工进度计划									
						××年				××年				××年	

采用网络图编制时，应优先采用时标网络图。采用时标网络图比横道计划更加直观、易懂、一目了然、逻辑关系明确，并能利用电子计算机进行编制、调整、优化、统计资源消耗数量、绘制并输出各种图表，因此应广泛推广使用。

五、总进度计划的调整与修正

施工总进度计划表绘制完后，把同一时期各单项工程的工作量加在一起，用一定比例画在总进度计划的底部，即可得出建设项目工作量的资源曲线。同时，编制完施工总进度计划表后应对施工总进度计划及其资源曲线进行检查。检查应从以下几个方面进行：

1）是否满足项目总进度计划或施工总承包合同对总工期以及起止时间的要求。
2）各施工项目之间的搭接是否合理。
3）整个建设项目资源需要量动态曲线是否均衡。
4）主体工程与辅助工程、配套工程之间是否平衡。

对存在的问题，应通过调整优化来解决。施工总进度计划的调整优化，就是通过需调整个别单位工程的施工速度或开、竣工时间，即通过工期优化，工期-费用优化和资源优化的模式来实现的。此外，在控制性施工进度计划贯彻执行过程中，也应随着施工的进展变化及时做必要的调整。

单元五　全场施工准备工作计划及各项资源需用量计划

根据总施工部署、施工总进度计划可以编制施工中各项资源的总需求计划，以确保资源的组织和供应，从而使项目施工能顺利进行。各项资源总需求计划是做好劳动力及物资的供应、平衡、调度和落实的依据，其内容一般包括如下几个方面：

一、全场施工准备工作计划

全场施工准备工作计划是为落实各项施工准备工作，以便各类计划能顺利实现，需根据各项施工准备工作的内容、时间、人员，编制施工准备技术，并在实施中认真检查和监督。施工准备工作计划形式见表9-3。

表9-3 施工准备工作计划

序号	施工准备项目	内容	负责单位	负责人	起止时间			备注
					××年	××年	××年	

二、综合劳动力和主要工种劳动力计划

劳动力需要量计划是规划临时设施工程和组织劳动力进场的依据。编制计划时，首先根据各工种工程量汇总表中分别列出的各单位工程专业工种的工程量，查预算定额或有关资料，确定各单位工程主要工种的工程量，再根据总进度计划表中某单位工程各工种的持续时间，即可得到某单位工程在某段时间里的平均劳动力数。用同样方法可计算出各个建筑物的各主要工种在各个时期的平均工人数。后按表汇总成总劳动力需要量计划，见表9-4。

表9-4 劳动力需用量计划

序号	工程名称	劳动量	施工高峰人数	××年				××年				现有人数	多余或不足
				一季度	二季度	三季度	四季度	一季度	二季度	三季度	四季度		

注：1. 工种名称除生产工人外，应包括附属辅助用工（如机修、运输、构件加工、材料保管等）以及服务和管理用工。
2. 表下应附以分季度的劳动力动态变化曲线。

三、材料、构件及半成品需用量计划

根据各工种工程量汇总表所列各建筑物或构筑物的工程量，查定额或有关资料便可得出各建筑物或构筑物所需的建筑材料、构件和半成品的需要量。然后根据总进度计划表，大致估计出某些建筑材料在某段时间内的需要量，从而编制出建筑材料、构件和半成品的需要量计划，它是材料和构件等落实组织货源、签订供应合同、确定运输方式、编制运输计划、组织进场、确定暂设工程规模的依据。其形式见表9-5。

表9-5 主要材料、构件及半成品需用量计划

序号	工程名称	材料、构件及半成品名称								
		水泥	砂	砖	…	混凝土	砂浆	…	木结构	…
		t	m^3	块		m^3	m^3		m^2	

四、主要施工机具需用量计划

主要施工机具的需用量应根据施工进度计划、主要建筑物施工方案和工程量，并套用

机械产量定额求得。辅助机械可以根据建筑工程每十万元扩大概算指标求得；运输机械的需要量根据运输量计算；最后编制施工机具需用量计划。施工机具需用量计划除为组织机械供应服务外，还可作为施工用电选择变压器容量等的计算、确定停放场地面积的依据。其表格形式见表 9-6。

表 9-6 施工机具需用量计划

序号	机具名称	规格型号	数量	功率	施工进度计划									
					××年				××年				××年		

单元六　施工总平面图

施工总平面图是在拟建项目施工场地范围内，按照施工部署、施工方案和施工总进度计划的要求，将拟建项目和施工现场的道路交通，材料仓库或堆场，附属企业或加工厂，临时房屋，临时水、电管线等各种临时设施进行合理部署的总体布置图。它是施工组织总设计的重要内容，是全工地的施工部署在空间上的反映，也是现场文明施工、节约施工用地、减少各种临时设施数量、降低工程费用的先决条件。

一、施工总平面图设计原则

1）平面布置科学合理，施工场地占用面积少。
2）合理组织运输，减少二次搬运。
3）施工区域的划分和场地的临时占用应符合总体施工部署和施工流程的要求，减少相互干扰。
4）充分利用既有建（构）筑物和既有设施为项目施工服务，降低临时设施的建造费用。
5）临时设施应方便生产和生活，办公区、生活区和生产区宜分离设置。
6）符合节能、环保、安全和消防等要求。
7）遵守当地主管部门和建设单位关于施工现场安全文明施工的相关规定。

二、施工总平面图设计依据

1）各种勘察设计资料，包括建筑总平面图、地形地貌图、区域规划图、场区主要地下设施布置图，以及建筑项目范围内有关的一切已建和拟建的各建筑物、构筑物和原有设施的位置。
2）建设项目的建筑概况、施工部署和拟建主要工程施工方案，施工总进度计划，以便了解各施工阶段计划、合理规划施工场地。
3）各种建筑材料、构件、加工品、施工机械和运输工具需要量一览表，以便规划工地内部材料堆场和运输线路。
4）各构件加工厂规模、仓库及其他临时设施的数量。

5) 建设地区的自然条件和技术经济条件。

三、施工总平面图设计内容

1) 建设项目的建筑总平面图上一切地上、地下的已有和拟建建筑物、构筑物及其他设施的平面位置和尺寸。
2) 所有为全工地施工服务的临时设施的布置位置，包括：
① 施工用地范围、施工用的道路。
② 加工厂及有关施工机械的位置。
③ 各种材料仓库、堆场及取土弃土位置。
④ 办公、宿舍、文化福利设施等建筑的位置。
⑤ 水源、电源、变压器、临时给水排水管线、通信设施、供电线路及动力设施位置。
⑥ 机械站、车库位置。
⑦ 安全、消防设施位置。
3) 永久性和半永久性测量用的水准点、坐标点、高程点、沉降观测点等。

四、施工总平面图设计步骤

设计施工总平面图时，首先应解决主要材料、半成品、构件和设备等进入现场的运输方式；其次布置场外运输道路，确定场内仓库、加工厂位置；然后布置场内临时道路；最后布置其他临时设施，包括水电管网等。

（一）场外交通的引入

大宗材料、设备、预制加工品等进入工地的方式一般有铁路运输、公路运输和水路运输三种形式。

1. 铁路运输

一般大型工业企业都设有永久性铁路专用线，通常将其提前修建，以便为工程项目施工服务。当场外运输主要采用铁路运输方式时，要考虑铁路的转弯半径和坡度的限制，确定引入位置和线路布置方案。铁路专用线宜由工地的一侧或两侧引入；当大型工地划分成若干个施工区域时，也可考虑将铁路引入工地中部的方案。

2. 公路运输

当场外运输主要采用公路运输方式时，由于公路布置灵活，一般先布置场内仓库和加工厂，然后布置场内临时道路，并与场外主干公路连接。对公路运输的规划，应统筹考虑，先布置主干线，后布置支线。

3. 水路运输

当场外运输主要采用水路运输方式时，应充分利用原有码头的吞吐能力。如需增设码头，卸货码头数量不应少于两个，宽度应大于 2.5m，并可在码头附近布置主要仓库和加工厂。

（二）仓库与材料堆场布置

1. 仓库的类型

工地仓库是储存物资的临时设施，按其使用性质可分为转运仓库、中心仓库、现场仓库和加工厂仓库几种。

1）转运仓库是货物转载地点（如火车站、码头、专用卸货场）的仓库。

2）中心仓库是专供储存整个建筑工地所需材料、构件等的仓库，一般设在现场附近或施工区域中心。

3）现场仓库指设在施工现场直接为施工服务的材料、构件储存仓库，按其储存材料的性质和重要程度，可采用露天堆场、半封闭式或封闭式三种形式。

4）加工厂仓库是专供加工厂储存物资的仓库，如钢筋库、木材库等。

2．仓库与材料堆场布置

1）在仓库的布置与堆场时，应尽量利用永久性仓库。

2）仓库与材料堆场应接近使用地点。

3）仓库应位于平坦、宽敞、交通方便的地方。

4）应遵守技术和安全方面的规定。

例如，砂石堆场和水泥库应布置在搅拌站附近，砌块和预制构件等直接使用的材料应布置在垂直运输设备工作范围内，靠近用料地点。基础用的块石堆场应离坑沿一定距离，以免压塌边坡。钢筋、木材应布置在加工厂附近，工具库布置在加工区域施工区之间交通便利处，零星小件、专用工具库可分设于各施工区段。

（三）加工厂的布置

加工厂一般包括：混凝土搅拌站、构件预制厂、钢筋加工厂、木材加工厂、金属结构加工厂等。各类加工厂的布置，应以方便使用、安全防火、运输费用少、不影响建筑安装工程施工的正常进行为原则。通常把相互之间联系较多的加工厂集中布置在施工区域的附近。

布置时应注意以下几点：

1）混凝土搅拌站布置。当运输条件较好时，混凝土搅拌站宜集中布置；否则以分散布置在使用地点或垂直运输设备附近为宜。若利用城市的商品混凝土，则只需考虑其供应能力和输送设备能否满足施工需要，施工现场可不考虑布置搅拌站。

2）预制构件加工厂布置。尽量利用建设地区原有加工厂，只有在运输困难时，才考虑在建设场地空闲地带设置预制加工厂。

3）钢筋加工厂布置。一般采用分散或集中布置。对于需要进行冷加工、对焊、点焊的钢筋或大片钢筋网，宜集中布置；对于小型加工件，利用简单机具成型的钢筋加工，宜分散在钢筋加工棚中进行。

4）木材加工厂布置。根据木材加工的性质、加工数量选择集中或分散布置，木材的原木、锯材堆场应靠近铁路、公路或水路沿线；锯木、板材加工车间和成品堆场应按工艺流程布置，一般应设在土建施工区域边缘的下风向位置。

5）金属结构、锻工和机修等车间的布置。由于它们相互之间在生产上有联系密切，宜集中布置。一般宜设置在混凝土预制构件加工厂及主要施工项目附近。

6）对于产生有害气体和污染环境的加工厂，如沥青熬制、石灰熟化等，一般应布置在施工场地下风向处。

现场作业棚所需面积参考指标，见表9-7；现场机运、机修和机械停放所需面积参考指标，见表9-8；现场加工厂用房面积参考指标，见表9-9。

表 9-7 现场作业棚所需面积参考资料

序号	名称	单位	面积/m²	备注
1	木工作业棚	m²/人	2	占地为建筑面积的 2~3 倍
2	电锯房（82~92cm 圆锯）	m²/座	80	86~91cm 圆锯 1 台
3	电锯房（小圆锯）	m²/座	40	小圆锯 1 台
4	钢筋作业棚	m²/人	3	占地为建筑面积的 3~4 倍
5	卷扬机棚	m²/台	6~12	
6	搅拌机棚	m²/座	10~18	
7	烘炉房	m²/座	30~40	
8	焊工房	m²/座	20~40	
9	电工房	m²/座	15	
10	白铁工房	m²/座	20	
11	油漆工房	m²/座	20	
12	机、钳工修理房	m²/座	20	
13	立式锅炉房	m²/台	5~10	
14	发电机房	m²/千瓦	0.2~0.3	
15	水泵房	m²/台	3~8	
16	移动式空压机房	m²/台	18~30	
17	固定式空压机房	m²/台	9~15	

表 9-8 现场机运站、机修间、停放场所需面积参考指标

序号	施工机械名称	所需场地/(m²/台)	存放方式	检修间所需建筑面积 内容	检修间所需建筑面积 数量/m²
	一、起重、土方机械类				
1	塔式起重机	200~300	露天	10~20 台设 1 个检修台位（每增加 20 台增设 1 个检修台位）	200（增 150）
2	履带式起重机	100~125	露天		
3	履带式正铲或反铲，拖式铲运机，轮胎式起重机	75~100	露天		
4	推土机、拖拉机、压路机	25~35	露天		
5	汽车式起重机	20~30	露天或室内		
	二、运输机械类				
6	汽车（室内）	20~30	一般情况下室内不小于 10%	每 20 台设 1 个检修台位（每增加 1 个检修台位）	170（增 160）
	（室外）	40~60			
7	平板拖车	100~150			
	三、其他机械类				
8	搅拌机、卷扬机、电焊机、电动机、水泵、空压机、油泵等	4~6	一般情况下室内占 30% 露天占 70%	每 50 台设 1 个检修台位（每增加 1 个检修台位）	50（增 50）

注：1. 露天或室内视气候条件而定，寒冷地区应适当增加室内存放。
2. 所需场地包括道路、通道和回转场地。

表9-9 现场加工厂所需面积参考指标

序号	加工厂名称	年产量 单位	年产量 数量	单位产量所需建筑面积	占地总面积/m²	备注
1	混凝土搅拌站	m³	3200	0.022（m²/m³）	按砂石堆场考虑	400L搅拌机2台
		m³	4800	0.021（m²/m³）		400L搅拌机3台
		m³	6400	0.020（m²/m³）		400L搅拌机4台
2	临时性混凝土预制厂	m³	1000	0.25（m²/m³）	2000	生产屋面板和中小型梁柱板等，配有蒸养设施
		m³	2000	0.20（m²/m³）	3000	
		m³	3000	0.15（m²/m³）	4000	
		m³	5000	0.125（m²/m³）	小于6000	
3	半永久性混凝土预制厂	m³	3000	0.6（m²/m³）	9000～12000	
		m³	5000	0.4（m²/m³）	12000～15000	
		m³	10000	0.3（m²/m³）	15000～20000	
4	木材加工厂	m³	15000	0.0244（m²/m³）	1800～3600	进行原木、方木加工
		m³	24000	0.0199（m²/m³）	2200～4800	
		m³	30000	0.0181（m²/m³）	3000～5500	
	综合木工加工厂	m³	200	0.30（m²/m³）	100	加工门窗、模板、地板、屋架等
		m³	500	0.25（m²/m³）	200	
		m³	1000	0.20（m²/m³）	300	
		m³	2000	0.15（m²/m³）	420	
	粗木加工厂	m³	5000	0.12（m²/m³）	1350	加工屋架、模板
		m³	10000	0.10（m2/m3）	2500	
		m³	15000	0.09（m²/m³）	3750	
		m³	20000	0.08（m²/m³）	4800	
	细木加工厂	万m²	5	0.0140（m²/m³）	7000	加工门窗、地板
		万m²	10	0.0114（m²/m³）	10000	
		万m²	15	0.0106（m²/m³）	14300	
5	钢筋加工厂	t	200	0.35（m²/t）	280～560	加工、成型、焊接
		t	500	0.25（m²/t）	380～750	
		t	1000	0.20（m²/t）	400～800	
		t	2000	0.15（m²/t）	450～900	

(续)

序号	加工厂名称	年产量		单位产量所需建筑面积	占地总面积/m²	备注
		单位	数量			
5	现场钢筋调直或冷拉 　拉直场 　卷扬机棚 　冷拉场 　时效场			所需场地（长×宽） （70～80）m×（3～4）m 15～20m² （40～60）m×（3～4）m （30～40）m×（6～8）m		包括材料及成品堆放 3～5t 电动卷扬机一台 包括材料及成品堆放 包括材料及成品堆放
	钢筋对焊 　对焊场地 　对焊棚			所需场地（长×宽） （30～40）m×（4～5）m 15～24m²		包括材料及成品堆放 寒冷地区应适当增加
	钢筋冷加工 　冷拔、冷轧机 　剪断机 　弯曲机φ12以下 　弯曲机φ40以下			所需场地（m²/台） 40～50 30～50 50～60 60～70		
6	金属结构加工（包括一般铁件）			所需场地（m²/t） 年产500t 为10 年产1000t 为8 年产2000t 为6 年产3000t 为5		按一批加工数量计算
7	石灰消化（贮灰池、淋灰池、淋灰槽）			5m×3m=15m² 4m×3m=12m² 3m×2m=6m²		每两个贮灰池配一套淋灰池和淋灰槽，每600kg 石灰可消化 1m³ 石灰膏
8	沥青锅场地			20～24m²		台班产量 1～1.5t/台

注：资料来源为中国建筑科学研究院调查报告、原华东工业建筑设计院资料及其他调查资料。

（四）场内运输道路布置

场内运输道路应根据各加工厂、仓库及施工对象的相对位置，研究货物周转运行图，分析出各段道路上的运输负担，区分开主要道路、次要道路及临时性道路，进行道路的整体规划，在保证车辆行驶安全、货物运输方便及消防要求的前提下，尽量降低道路的修筑费用。车辆运行安全布置时应注意以下几点。

1）应尽量利用拟建的永久性道路，或提前修建，或先修建永久性路基，铺设简易路面，工程完工后再铺设路面。

2）道路应有足够的宽度和转弯半径。连接仓库、加工厂等的主要道路一般应按双行环形路线布置，路面宽度不小于 6m；次要道路则按单行支线布置，路面宽度不小于 3.5m，路端设回车场地。

3）临时道路的路面结构，应根据运输情况、运输工具和使用条件来确定。

4）合理规划拟建道路与地下管网的施工顺序。在修建拟建永久性道路时，应考虑道路下的地下管网，避免将来重复开挖，尽量做到一次性到位，节约投资。

现场内临时道路的技术要求见表 9-10；临时路面的种类、厚度见表 9-11。

表 9-10 简易道路技术要求

指标名称	单位	技术标准
设计车速	km/h	≤20
路基宽度	m	双车道 6～6.5；单车道 4.4～5；困难地段 3.5
路面宽度	m	双车道 5～5.5；单车道 3～3.5
平面曲线最小半径	m	平原、丘陵地区 20；山区 15；回头弯道 12
最大纵坡	%	平原地区 6；丘陵地区 8；山区 9
纵坡最短长度	m	平原地区 100；山区 50
桥面宽度	m	木桥 4～4.5
桥涵载重等级	t	木桥涵 7.8～10.4（汽 -6～汽 -8）

表 9-11 临时施工道路路面种类和厚度

路面种类	特点及其使用条件	路基土	路面厚度/cm	材料配合比
级配砾石路面	雨天照常通车，可通行较多车辆，但材料级要求严格	砂质土	10～15	体积比：黏土：砂：石子 = 1：0.7：3.5 重量比： 1. 面层：黏土 13%～15%，砂石料 85%～87% 2. 底层：黏土 10%，砂石混合料 90%
		黏质土或黄土	14～18	
碎（砾）石路面	雨天照常通车，碎（砾）石本身含土较多，不加砂	砂质土	10～18	碎（砾）石 > 65%，当地土壤含量 ≤ 35%
		砂质土或黄土	15～20	
碎砖路面	可维持雨天通车，通行车辆较少	砂质土	13～15	垫层：砂或炉渣 4～5cm 底层：7～10cm 碎砖 面层：2～5cm 碎砖
		黏质土或黄土	15～18	
炉渣或矿渣路面	可维持雨天通车，通行车辆较少，当附近有此项材料可利用时	一般土	10～15	炉渣或矿渣 75%，当地土 25%
		较松软时	15～30	
砂土路面	雨天停车，通行车辆较少，附近不产石料而只有砂时	砂质土	15～20	粗砂 50%，细砂、粉砂和黏质土 50%
		黏质土	15～30	
风化石屑路面	雨天不通车，通行车辆较少，附近有石屑可利用	一般土壤	10～15	石屑 90%，黏土 10%
石灰土路面	雨天停车，通行车辆少，附近产石灰时	一般土壤	10～13	石灰 10%，当地土壤 90%

（五）临时设施的布置

临时设施包括办公室、汽车库、休息室、开水房、浴室、食堂、商店等。布置时应注意以下几点：

1）尽量利用已有或拟建的永久性建筑。

2）生产区与生活区应分开布置，工地行政管理用房宜设在工地入口处或中心区域，现场办公用房应靠近施工地点。

3）生活福利设施应设在工人较集中的地方或工人必经之处。
4）工人宿舍一般宜在场外集中布置，距工地 500～1000m 为宜。
5）食堂可以布置在工地内部或工地与生活区之间，应视具体情况而定。

临时生活设施所需面积参见表 9-12 指标确定。

表 9-12 临时生活设施所需面积参考资料

临时房屋名称	指标使用方法	参考指标 /（m²/人)	备注
一、办公室	按干部人数	3～4	
二、宿舍	按高峰年（季）平均职工人数	2.5～3.5	
单层通铺	（扣除不在工地住宿人数）	2.5～3	
双层床		2.0～2.5	
单层床		3.5～4	
三、食堂	按高峰年平均职工人数	0.5～0.8	1. 本表根据全国收集到的有代表性的企业、地区的资料综合 2. 工区以上设置的会议室已包括在办公室指标内 3. 家属宿舍应以施工期长短和离基情况而定，一般按高峰年职工平均人数的 10%～30% 考虑 4. 食堂包括厨房、库房，应考虑在工地就餐人数和几次进餐
四、食堂兼礼堂	按高峰年平均职工人数	0.6～0.9	
五、其他合计	按高峰年平均职工人数	0.5～0.6	
医务室	按高峰年平均职工人数	0.05～0.07	
浴室	按高峰年平均职工人数	0.07～0.10	
理发	按高峰年平均职工人数	0.01～0.03	
浴室兼理发	按高峰年平均职工人数	0.08～0.10	
其他公用	按高峰年平均职工人数	0.05～0.10	
七、现场小型设施			
开水房		10～40	
厕所	按高峰年平均职工人数	0.02～0.07	
工人休息室	按高峰年平均职工人数	0.15	

（六）临时水电管网及其他动力设施的布置

当有可以利用水源、电源时，可以将水、电直接接入工地。临时总变电站应设置在高压电引入处，不应放在工地中心；临时水池、水塔应设在用水中心和地势较高处。

当没有可利用的水源、电源时，可在工地中心或附近设置临时发电设备作为电源，利用地下水或地表水设置临时供水设备（水塔、水池）作为水源。临时水池给水管一般沿主干道路布置成环状管网，孤立点可设枝状管网。过冬的临时水管须埋在冰冻线以下或采取保温措施。

消防栓应布置在易燃建筑（木材、仓库等）附近，并有通畅的出口和车道，其宽度不宜小于 6m，与拟建房屋的距离不得大于 25m，也不得小于 5m，沿道路布置消火栓时，其间距不得大于 10m，到路边的距离不得大于 2m。

各类用水量参考资料及室内外照明用电参考资料见表 9-13～表 9-17。

表 9-13 施工用水参考资料

序号	用水对象	单位	耗水量	备注
1	浇注混凝土全部用水	L/m³	1700～2400	
2	搅拌普通混凝土	L/m³	250	
3	搅拌轻质混凝土	L/m³	300～350	
4	搅拌泡沫混凝土	L/m³	300～400	
5	搅拌热混凝土	L/m³	300～350	
6	混凝土养护（自然养护）	L/m³	200～400	
7	混凝土养护（蒸汽养护）	L/m³	500～700	
8	冲洗模板	L/m²	5	
9	搅拌机清洗	L/台班	600	
10	人工冲洗石子	L/m³	1000	当含泥量大于2%小于3%时
11	机械冲洗石子	L/m³	600	
12	洗砂	L/m³	1000	
13	砌砖工程全部用水	L/m³	150～250	
14	砌石工程全部用水	L/m³	50～80	
15	抹灰工程全部用水	L/m²	30	
16	耐火砖砌体工程	L/m³	100～150	包括砂浆搅拌
17	浇砖	L/千块	200～250	
18	浇硅酸盐砌块	L/m³	300～350	
19	抹面	L/m²	4～6	不包括调制用水
20	楼地面	L/m²	190	主要是找平层
21	搅拌砂浆	L/m³	300	
22	石灰消化	L/t	3000	
23	上水管道工程	L/m	98	
24	下水管道工程	L/m	1130	
25	工业管道工程	L/m	35	

表 9-14 生活用水量参考资料

序号	用水对象	单位	耗水量
1	生活用水（盥洗、饮用）	L/人·日	20～40
2	食堂	L/人·次	10～20
3	浴室（淋浴）	L/人·次	40～60
4	淋浴带大池	L/人·次	50～60
5	洗衣房	L/kg干衣	40～60
6	理发室	L/人·次	10～25
7	学校	L/学生·日	10～30
8	幼儿园、托儿所	L/儿童·日	75～100
9	医院	L/病床·日	100～150

表 9-15　消防用水量参考资料

序号	用水名称		火灾同时发生次数	单位	用水量
1	居民区消防用水				
		5000 人以内	一次	L/s	10
		10000 人以内	二次	L/s	10～15
		25000 人以内	二次	L/s	15～20
2	施工现场消防用水				
		施工现场在 25ha 内	一次	L/s	10～15
		每增加 25ha	一次	L/s	5

表 9-16　室内照明用电参考资料

序号	用电定额	容量/(W/m²)	序号	用电定额	容量/(W/m²)
1	混凝土及灰浆搅拌站	m²	13	锅炉房	3
2	钢筋室外加工	10	14	仓库及棚仓库	2
3	钢筋室内加工	8	15	办公楼、试验室	6
4	木材加工锯木及细木作	5～7	16	浴室、盥洗室、厕所	3
5	木材加工模板	8	17	理发室	10
6	混凝土预制构件厂	6	18	宿舍	3
7	金属结构及机电修配	12	19	食堂或俱乐部	5
8	空气压缩机及泵房	7	20	诊疗所	6
9	卫生技术管道加工厂	8	21	托儿所	9
10	设备安装加工厂	8	22	招待所	5
11	发电站及变电所	10	23	学校	6
12	汽车库或机车库	5	24	其他文化福利机构	3

表 9-17　室外照明用电参考资料

序号	用电名称	容量
1	人工挖土工程	0.8W/m²
2	机械挖土工程	1.0W/m²
3	混凝土浇灌工程	1.0W/m²
4	砖石工程	1.2W/m²
5	打桩工程	0.6W/m²
6	安装及铆焊工程	2.0W/m²
7	卸车场	1.0W/m²
8	设备堆放、砂石、木材、钢筋、半成品堆放	0.8W/m²
9	车辆行人主要干道	2000W/km
10	车辆行人非主要干道	1000W/km
11	夜间运料（夜间不运料）	0.8（0.5）W/m²
12	警卫照明	1000W/km

综上所述，外部交通、仓库、加工厂、内部道路、临时房屋、水电管网等布置不是完全独立，而是相互联系、相互制约的，应综合考虑，多种方案进行比较再确定。确定之后采用标准图例绘制在总平面图上，图幅可选用 1～2 号图纸，比例为 1:1000 或 1:2000。完成的施工总平面图比例要正确，图例要规范，线条粗细分明，图面整洁美观。

单元七　施工组织总设计实例（简例）

一、工程概况

1. 房屋建筑概况

房屋建筑概况见表 9-18，施工现场总平面如图 9-1 所示。

表 9-18　建筑项目一览表

编号	工程类别	结构类型	层数	建筑面积/m²	栋数	建筑物编号	备注
1	住宅	框架结构	6	4047	2	1,3	
2	住宅	框架结构	6	4135	3	2,4,7	有地下室
3	住宅	框架结构	6	2700	1	5	
4	住宅	框架结构	6	3195	1	6	
5	住宅	框剪结构	24	13656	3	8,9,10	有地下室
6	住宅	框架结构	14	7000	3	11,12,13	有地下室
7	住宅	框架结构	18	8368	3	14,15,16	有地下室
8	青年公寓	框架结构	14	12600	1	17	有地下室
9	小学	砌体结构	3	2400	1	18	
10	幼儿园	砌体结构	2	1000	1	19	
11	浴室、理发室	砌体结构	2	600	1	20	
12	食堂	砌体结构	2	700	1	21	
13	副食店	砌体结构	2	720	1	22	
14	粮店	砌体结构	2	1400	1	23	
15	锅炉房	砌体结构	1	1100	1	24	
16	配电	砌体结构	1	100	1	25	

2. 地下室及地质情况

上表中所列有地下室的建筑物，其基底标高框架结构为 –4.30m，框剪结构为 –7.50m，无地下水。

3．水电等情况

场地下设污水管和排雨水管；上水管自北侧路接来，各楼设高位水箱；变电室位于建设区域南端，采用电杆架线供电，沿小区内道路通向各建筑物。

4．承包合同的有关条款

1）总工期：2005 年 5 月开工到 2008 年 5 月全部竣工。

2）分期交用要求：2006 年 7 月 1 日交用第一批（3、4、17、24、25、18、19、21 号楼）；2006 年 12 月底交第二批（2、9、22、23 号楼）；2007 年底全部完工，个别工程到 2008 年 5 月完工。

3）奖罚：以实际交用条件为项目竣工，按单位建筑面积计算，按国家工期定额每提前一天奖造价万分之一，每拖后一天相应罚款。

4）拆迁要求：影响各栋号施工的障碍物须在工程施工之前全部动迁完毕，如果拆迁工作不能按期完成，则工期相应顺延。

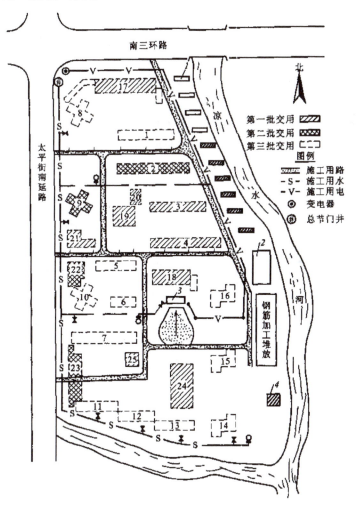

图 9-1　施工现场总平面图

1—生活用房　2—钢筋棚　3—搅拌站　4—木工房

二、施工部署及主要项目的施工方案

（一）主要施工程序

1）本区域内调入第一、第二两个施工队施工，其场地以 4 号楼与 5 号楼中间为界。

2）每个施工队保持两条流水线。

①一队的 1—1 流水线施工"框架结构"，顺序为 4、3、2、1 号楼。

②一队的 1—2 流水线先施工 17 号楼，然后转入高层框剪结构的 9、8 号楼。

③二队的 2—1 流水线施工砌体结构，其顺序为 24、25、18、19、20、21、22、23 号楼，后转入 7、6、5 号楼。

④二队的 2—2 流水线先施工高层 10 号楼，然后转为框架结构 11、12、13、14、15、16 号楼。

（二）主要工程项目的施工方法和施工机械

1）单层及二层砌体结构采用平台内脚手架砌筑，用轮式起重机安装屋面梁板。屋面配卷扬机垂直运输。外装修采用双排钢管脚手架。

2）三层至六层的砌体结构采用平台内脚手架，用 TQ 60/80 塔式起重机垂直运输，外装修采用桥式脚手架。

3）框剪结构高层建筑垂直运输采用 TQ 60/M 超高塔式起重机，每条流水线配塔式起重机 2 台。大模板配备型号和数量按具体标号面定。

4）框剪结构墙体采用钢大模（专门设计），外架子采用三角架挂操作台。楼板采用双钢筋叠合板，板下支撑配备 4 层的量。垂直运输采用 1 台 200t·m 的大型塔式起重机，每层分 5 段流水。

5）地下室底板采用商品混凝土，泵送。立墙采用组合钢模加木方子。人工支、拆模板，不用吊车。墙体混凝土也用泵送。

6）外装修采用吊篮架。垂直运输每栋采用 1 台高车架，高层全现浇住宅加配外用电梯 1 台。

三、施工总进度计划

主要建筑物的三大工序——基础、结构、装修所需工期按统计结果见表 9-19。根据各主要工序安排总进度计划，见表 9-20。

表 9-19 住宅体系三大工序所需工期表

工序	14～18 层框架/月	24 层框架/月	6 层框架/月
基础	3	4（地下室+2 月）	1
结构	4～5	6	3
装修	5	5	4

表 9-20 施工进度总计划表

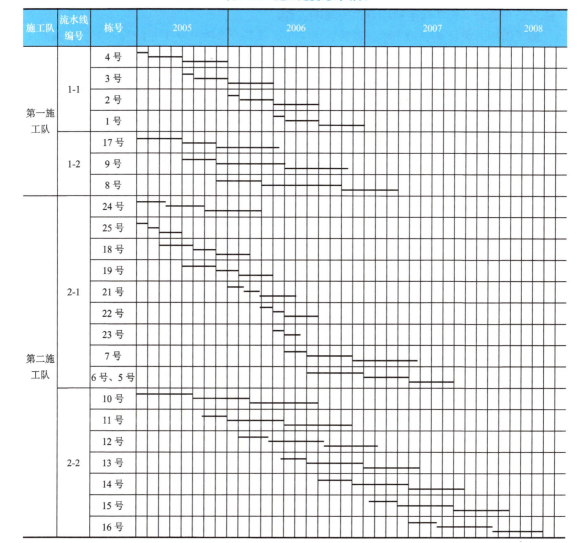

四、施工总平面图

施工总平面图与建筑总平面图画在一起，如图 9-1 所示。

1）施工用水用电均按需要经计算确定。

2）施工时注意保持场内竖向设计的坡度，在基础挖土阶段防止雨水泡槽。

3）临时设施根据劳动力最高峰 650 人、每人 $4m^2$ 计算，考虑到民工占 50%，需建临时设施 $1300m^2$。

小　　结

本模块介绍了施工组织总设计的基本概念及内容；工程概况、施工总体部署、施工总进度计划、资源需用量计划、施工总平面图的编制方法和步骤等内容，并通过实例详细说明了施工组织总设计在实际工程项目中的编制过程。

施工组织总设计是以一个建设项目、住宅小区或其一个独立交工系统为对象进行编制，根据初步设计图纸和有关资料及现场施工条件编制，用以指导施工全过程各项全局性施工活动的技术、经济、组织、协调和控制的综合性文件。施工组织总设计中的工程概况，是对建设项目或建筑群所做的总说明、总分析。施工总体部署是建设项目施工程序及施工展开方式的总体设想。施工总进度计划是对各施工项目作业所做的时间安排，是控制施工工期及各单位工程施工期限和相互搭接关系的依据。资源需用量计划是做好建设项目劳动力及物资供应、平衡和调度的依据。施工总平面图是整个工程建设项目的施工部署在空间上的反映。

能力训练

简答题

1. 什么是施工组织总设计？
2. 施工组织总设计包含哪些内容？
3. 施工组织总设计的编制依据是什么？
4. 在安排施工程序时，应考虑哪些因素？
5. 施工总进度计划的编制步骤是什么？
6. 设计施工总平面图应遵循什么原则？
7. 施工总平面图的设计步骤是什么？

参 考 文 献

[1] 危道军. 建筑施工组织 [M]. 3版. 北京：中国建筑工业出版社，2014.

[2] 张廷瑞. 建筑施工组织与进度控制 [M]. 北京：北京大学出版社，2012.

[3] 中华人民共和国住房和城乡建设部. 绿色建筑评价标准：GB/T 50378—2019[S]. 北京：中国建筑工业出版社，2019.

[4] 中国建设监理协会. 建设工程进度控制 [M]. 4版. 北京：中国建筑工业出版社，2015.

[5] 蔡红新，陈卫东，苏丽珠. 建筑施工组织与进度控制 [M]. 2版. 北京：北京理工大学出版社，2014.

[6] 蔡雪峰. 建筑工程施工组织管理 [M]. 3版. 北京：高等教育出版社，2015.

[7] 肖凯成，王平. 建筑施工组织 [M]. 2版. 北京：化学工业出版社，2014.